新工科暨卓越工程师教育培养计划电气类专业系列教材

普通高等学校"双一流"建设电气专业精品教材

HIGH POWER PULSED TECHNOLOGY

高功率脉冲技术

■ 主 编/何孟兵 李玉梅

U0362707

华中科技大学出版社

http://press.hust.edu.cn

中国·武汉

内 容 简 介

　　本教材分为 6 章,主要介绍了脉冲功率的基本概念、脉冲储能技术、大功率脉冲开关技术、脉冲形成技术、脉冲功率测量技术、脉冲功率技术应用等,同时将脉冲功率技术中一些常用参数的计算单列为附录 A 和附录 B,并给出了一些常用装置结构电场、磁场、电阻、电感、电容等参数的计算公式,使学生了解脉冲功率在现代科学技术中的地位和作用。建立脉冲功率技术的核心是能量的时间压缩和空间压缩的基本概念,使读者着重了解脉冲功率系统构成,掌握系统设计原理。

　　本教材重难点突出、概念清晰、内容精练,适合作为电气类、自动化类、机电类相关专业研究生和大学本科高年级学生使用,还可作为其他相关理工科学生和工程技术人员的实践参考书。

图书在版编目(CIP)数据

　　高功率脉冲技术/何孟兵,李玉梅主编.—武汉:华中科技大学出版社,2023.12
　　ISBN 978-7-5772-0029-3

　　Ⅰ.①高…　Ⅱ.①何…　②李…　Ⅲ.①大功率-脉冲技术　Ⅳ.①TN78

中国国家版本馆 CIP 数据核字(2023)第 210463 号

高功率脉冲技术　　　　　　　　　　　　　　　　　　何孟兵　李玉梅　主编
Gaogonglü Maichong Jishu

策划编辑:王汉江
责任编辑:朱建丽
封面设计:廖亚萍
责任校对:谢　源
责任监印:周治超
出版发行:华中科技大学出版社(中国·武汉)　　　　电话:(027)81321913
　　　　　武汉市东湖新技术开发区华工科技园　　　　邮编:430223
录　　排:武汉楚海文化传播有限公司
印　　刷:武汉开心印印刷有限公司
开　　本:787mm×1092mm　1/16
印　　张:10.75
字　　数:228 千字
印　　次:2023 年 12 月第 1 版第 1 次印刷
定　　价:39.80 元

PREFACE

前言

华中科技大学根据教育部《普通高等学校教材管理办法》，结合学校实际制定了《华中科技大学教材管理办法》，引导任课教师编写符合学校人才培养方案、教学计划和教学大纲要求、教学规律和认知规律的教材。

本教材是为课堂教学而编写的，为了方便学生的理解，侧重脉冲功率的基本概念，突出脉冲功率技术的"功率"二字，强调脉冲功率技术是将不大的能量进行时间压缩和空间压缩，在时间和空间尺度上均获得极大的能量密度，进而使学生明白实现这种时间压缩和空间压缩存在的技术难点。本教材以一些关键技术进行补充，对脉冲功率的内涵进行分析，使学生抓住脉冲功率技术的本质，脉冲功率技术的核心是能量的时间压缩和空间压缩的基本概念，了解脉冲功率系统构成，掌握系统设计原理。本教材还将脉冲功率技术中一些常用参数的计算单列为附录 A 和附录 B，启发学生计算这些常用参数需要考虑的因素，同时给出了一些常用装置结构电场、磁场、电阻、电感、电容等参数的计算公式，方便学生和相关研究人员查阅。

本教材由华中科技大学何孟兵和海军工程大学李玉梅共同编写，刘俊负责绘制大部分的插图，何孟兵负责统稿。在编写过程中我们参考了很多同行专家的文献，我们尽可能地在参考文献中列出，在此我们特向众多同行专家表示感谢，如有遗漏之处，请相关知识产权作者与我们联系，我们一定以合适的方式予以处理。

西北核技术研究院丛培天研究员帮忙审阅了本书的初稿，提出了很多宝贵意见，帮忙修正了部分表述，在此向丛培天研究员表示衷心的感谢。感谢华中科技大学研究生教材建设项目经费对本教材的资助。

由于编者水平有限，疏漏之处，恳请读者批评指正。编者邮箱：何孟兵，hemengbing@263.net；李玉梅，liyumei75@163.com。

编　者
2023 年 9 月

CONTENTS
目录

第1章

绪 论

1.1 脉冲功率技术背景、发展趋势

脉冲功率技术是研究产生各种强电脉冲功率输出的发生器及其相关技术。它通过对储能器件缓慢充能(电),然后在短时间内快速释放,对能量进行脉冲压缩、整形、传输、匹配和输出等过程处理,实现功率放大和脉冲输出,为高科技装置和新概念武器提供高功率脉冲电源。该高功率脉冲电源系统及其相关技术均属脉冲功率技术的研究范畴。

高功率脉冲技术最早是因军事需要发展起来的,并随着核武器和高新技术武器等军事需求的不断变化而得到快速发展。

核武器的出现对人类社会产生了重要的影响。1945 年 8 月,美国分别在日本的广岛和长崎投下了原子弹,猛烈的爆炸几乎把这两座城市夷为平地。原子弹巨大的威力引起了世界的震惊,然而,与氢弹相比,原子弹的威力还真就是个"小男孩"。原子弹的能量"源泉"是重核裂变,而氢弹的则是轻核聚变。氢弹使用的"燃料"是氢的同位素氘和氚,所以严格地说氢弹应该称为氘氚弹。氘和氚的聚变反应方程式为

$$ {}_1^2 H + {}_1^3 H \longrightarrow {}_n^4 He + {}_0^1 n $$

放出的能量约为 17.6 MeV,平均每个核子放出的能量为 3.5 MeV,而核裂变中平均每个核子放出的能量还不到 1 MeV。400 g 氘和 600 g 氚的混合物聚变放出的能量相当于 4 kg 铀裂变或 12000 t 标准煤燃烧的能量。

原子核内部由带正电荷的质子和不带电的中子组成,带正电的质子不会相互排斥而造成原子核破裂,因为在原子核内部的核子之间,存在着宇宙间最为强大的作用力——强相互作用力,比质子之间静电的排斥力还要大一百多倍。原子核之所以是稳定的,完

全就是强作用力的结果。不过强作用力的作用范围仅限于原子核内部强作用力的作用范围(约为 10^{-14} m),超过了则迅速减为 0。电荷之间的作用力是与它们距离的平方成反比的,当两个带正电的原子核距离很近时,强大的斥力会使它们无法彼此接近,只有当它们之间的距离小于 10^{-14} m 时,强作用力才显现出来,两个原子核便会发生核聚变而合为一体,同时放出核能。那么怎样才能克服电荷之间的排斥力而使这两个原子核足够接近而发生核聚变呢?有一个很简单的让原子核加速的方法,那就是加热。当加热到 6000万度时,一些原子核就可以发生核聚变了(这个温度发生的核聚变能量不可控,要想实现可控的核聚变,温度还要再高),所以核聚变也称为热核反应。不过这 6000 万度的温度可比一般的化学燃烧的温度高上万倍,怎么才能实现呢?科学家们想到了原子弹,利用原子弹爆炸产生的超高温来促使核聚变的发生。

氢弹的基本原理并不深奥,先利用常规炸药引爆原子弹,原子弹爆炸产生 X 射线,X射线在弹壳内反射,将聚苯乙烯泡沫加热成等离子体压缩核聚变燃料,引发氘和氚的热核聚变,从而引爆氢弹。虽然氢弹爆炸的时间极短,但这几个步骤却很分明,如图 1-1 所示。虽然氢弹的基本原理简单,但实现这个原理的技术却相当复杂,直到现在各核大国还是把氢弹设计技术列为高度机密。

图 1-1　氢弹爆炸原理示意图

核武器使人类一直生活在核爆炸的阴影下,人们一方面呼吁销毁核武器,一方面各核大国又在发展核技术以确保自己核武器的安全,伴随着 1996 年《全面禁止核试验条约》的签署,在实验室条件下,创造出的接近核武器爆炸产生的极端高温、高压、高密度、强辐射条件,成为新时期核武器研究能否有效开展的关键。

脉冲功率技术以电能为基础,将能量在时间和空间上进行压缩,并在特定负载上快速释放,是在实验室条件下产生极端高温、高压、高密度、强辐射条件的有效手段。脉冲功率源的主要技术指标有高储能密度(MJ/m^3,$MW \sim GW$)、高功率($MW \sim GW$)、高脉冲重复频率($1 \sim 10$ kHz)及高可靠性。

美国建造的国家点火装置(NIF)基本原理是在几个纳秒的时间尺度内,将能量为几个兆焦耳的脉冲激光束、粒子束均匀地照射在氘、氚燃料的靶丸上,由靶丸表面物质的熔化、向外喷射而产生向内聚心的反冲力,将靶丸物质压缩至高密度和热核燃烧所需的高温维持一定的约束时间,释放出大量的聚变能,如图 1-2 所示。对比图 1-1 和图 1-2 可以看出,两者十分相似,因此 NIF 可以用来模拟核爆炸过程并对核武器进行诊断。

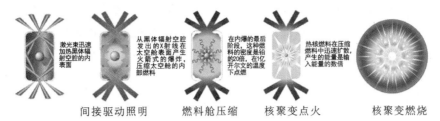

间接驱动照明　　　燃料舱压缩　　核聚变点火　　核聚变燃烧

图 1-2　NIF 模拟核爆炸过程示意图

　　脉冲功率技术对现代科技发展具有重要的支撑、牵引和带动作用,数十年来对世界科技(尤其是国防和高新技术武器)的进步产生了深远的影响。高功率脉冲技术作为核爆炸模拟研究的重要手段,在禁止核试验后,对核武器研究有着更为重要的支撑作用,因而各核大国不断加大实验室核爆炸模拟研究的投入。我国脉冲功率技术研究的先驱、老一辈科学家王淦昌院士曾经指出:“高功率脉冲技术是当代高科技的主要基础学科之一。”采用超高功率脉冲装置驱动圆柱状分布的金属丝阵负载,使其气化并向轴心箍缩(Z箍缩),能产生极强的 X 射线辐射,可以用来研究核武器中的辐射输运和聚变点火等问题,同时在惯性约束聚变、辐射效应、天体物理等前沿科学研究领域也具有非常重要的价值。

　　闪光 X 射线照相设施在人们认识武器内爆物理规律和校验武器设计过程中占据了极为重要的地位。它的工作原理类似于医院的人体 X 射线透视照相,只不过这里不是照相静止而柔软的人体,而是利用加速器产生的高强度脉冲 X 射线,穿透厚度相当于数十厘米钢的致密材料,用于检查弹壳底座、武器弹药及雷管构件等,也可对其内部以大于 10 马赫超高速运动物体侵蚀的亚毫米尺寸的细节及其变化进行高精度的瞬态透视照相。

　　研究的弹丸侵彻下金属靶材的损伤变形行为,是金属装甲材料的设计和选择的基础,对装甲结构的设计与选材、防护材料的发展、提高装甲防护性能等都具有重要意义;在毁伤方面,高能 X 射线闪光照相实现对致密物体内部的动态诊断,在武器物理研究中有着重要的应用,如图 1-3 所示。

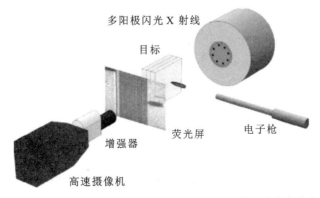

多阳极闪光 X 射线

目标

增强器

荧光屏

电子枪

高速摄像机

图 1-3　高能 X 射线闪光照相实现对致密物体内部的动态诊断

回顾脉冲功率技术的发展历史,其相关概念早在 20 世纪就已经有了萌芽。1938 年,美国人 Kingdon 和 Tanis 第一次提出用高压脉冲电源放电产生微秒级脉宽的闪光 X 射线。1939 年,苏联人制成了真空脉冲 X 射线管,并把闪光 X 射线照相技术用于弹道学和爆轰物理学实验。第二次世界大战期间,用于军事的电磁炮和其他研究再度兴起,也促进了脉冲功率技术的形成和发展。1947 年,英国人 A. D. Blumlien 以专利的形式,把传输线波的折反射原理用于脉冲形成线,在纳秒脉冲放电方面取得了突破。

1962 年,英国原子能研究中心的 J. C. Martin 领导的研究小组,将 Blumlien 传输线和 Marx 发生器的专利结合起来,建造了世界上第一台强流相对论电子束加速器 SOMG(3 MV,50 kA,30 ns),脉冲功率达 TW(10^{12} W)级,使得闪光 X 射线的能量和强度都有了极大的提高,开创了高功率脉冲技术的新纪元。从那时起,作为闪光 X 光机(X 射线机,又称为伦琴射线仪)和核武器效应模拟源,高功率电子束加速器得到了迅速发展,大型脉冲功率装置如雨后春笋般地在世界各国建立。

1963 年,美国国防部启动了一项采购核武器效应模拟器的计划。该计划诞生了颇为典型的 MV 级 X 射线源 Febetron,系列技术先被惠普公司(Hewlett-Packard)收购,后来又被国际物理公司(Physics International,PI)收购;很久以后,PI 被麦克斯韦实验室收购,并在 Titan 公司注册成立,今天归 L3 科学公司所有。

脉冲功率技术的发展经过了几次重大的技术突破。第一次是 Blumlein 传输线的应用,在英国原子武器研究中心工作的 J. C. Martin 把 Bumlein 传输线和 Marx 发生器结合起来,把脉冲宽度(简称脉宽)从微秒级压缩到几十纳秒,开创了脉冲功率技术的新纪元;第二次是以"水"代"油",用高纯度去离子水取代变压器油作为传输线的绝缘介质,发展了低阻抗强流电子束加速器;第三次是多台装置并联运行,激光开关的应用和磁绝缘传输线的应用使得多台装置并联运行成为可能;第四次是感应加速腔技术,结合了脉冲功率和加速器技术;第五次是重复频率脉冲功率技术。每一次技术突破,都使脉冲功率技术的水平上了一个新台阶。

美国利用 Febetron 技术,后来又发展了更强大的 X 射线和伽马射线源,如 Pulserad 和 Aurora。美国圣地亚国家实验室(Sandia National Laboratories,SNL)建造了一系列最著名的脉冲功率机器:Hermes 和 PBFA(proton beam fusion accelerator,质子束聚变加速器)Ⅰ和Ⅱ,随后 PBFA Ⅰ和Ⅱ分别改造成 Santurn 和 Z 装置(26 MA)。

中国脉冲功率技术发展史可大致分成三个阶段:自主创业期、加速成长期和创新超越期。

(1)自主创业期。从 20 世纪 60 年代左右开始,以王淦昌等老一辈科学家为代表的创业者,自力更生、艰苦探索,初步掌握了 Marx 发生器、传输线、辐射转换靶和测量等关键技术,建成了系列脉冲 X 射线机,并应用到闪光照相、辐射探测和抗核加固等研究领域。20 世纪 70 年代,中国工程物理研究院(以下简称"中物院")研制了 6 MV 高阻抗电子束加速器"闪光一号";20 世纪 90 年代,西北核技术研究所(现改称"西北核技术研究院",以下简称"西核院")建成了 1 MA 低阻抗电子加速器"闪光二号",中物院建成了 12 MeV 的直线感应加速器。这些大型高功率脉冲装置的建成,标志着我国脉冲功率加速器研制能力开始进入国际先进行列。

(2)加速成长期。进入 20 世纪 90 年代以后,国际上脉冲功率日趋活跃,我国脉冲功率步入快速发展阶段。2000 年以后,西核院建成了集成多项先进技术的多功能加速器"强光一号",中物院建成了"阳"加速器,清华大学建成了 PPG-1 装置,这些装置奠定了国内 Z 箍缩研究的实验基础。2002 年,中物院研制出了输出电子能量 20 MeV 的"神龙一号"直线感应加速器,我国精密闪光照相技术水平继美、法之后步入世界前三甲。国防科技大学、中物院和西核院等单位,进一步把应用拓展到高功率激光和高功率微波领域,并开始取得了国际瞩目的成就。

(3)创新超越期。2010 年以后,中物院相继建成了 10 MA 的 Z 箍缩装置"聚龙一号"与猝发多脉冲 20 MV 的闪光照相装置"神龙二号",这预示着我国脉冲功率技术正在实现从追赶到超越的转变。前者使我国装置规模从单台单路驱动发展到了多路并联汇聚,电功率水平从 TW 级提升到 10 TW 级,成为继美国之后第二个拥有此类设备的国家;"神龙二号"在多脉冲 X 射线产生方面独辟蹊径,达到了多脉冲直线感应加速器(LIA)技术新高度,成为美国后续同类装置建设的范本。这一时期,中国的多个大型脉冲功率装置成功研制,研究群体不断壮大,发表的学术论文数量快速增长,国际学术影响显著增强。

但是与美国、俄罗斯等技术发达国家相比,我国脉冲功率研究的总体水平仍有较大差距,主要表现为装置设计保守、余量大、研制周期长、装备化进程慢;核心软件、关键材料、器件、数据受制于人;研究项目大多跟随美国、俄罗斯,原始创新不足。

从 1976 年第一届脉冲功率技术国际会议以来,随着研究成果和参考文献的增多,脉冲功率技术相关的教材和文集也逐渐增多,同时相关的会议组织也相继成立,主要的会议如下:

(1)IEEE 国际脉冲功率会议(International Pulsed Power Conference,PPC);

(2)亚欧脉冲功率会议(Euro-Asian Pulsed Power Conference,EAPPC);

(3)国际高能粒子束会议(International Conference on High-Power Particle Beams);

(4)国际百万高斯强磁场会议(International Conference on Megagauss Magnetic Field Generation and Related Topics);

(5)IEEE 国际功率调制器和高压会议(International Power Modulator and High Voltage Conference,IPMHV);

(6)IEEE 国际等离子体科学会议(International Conference on Plasma Science,ICOPS);

(7)英国脉冲功率研讨会等。

随着研究成果和参考文献的增多,脉冲功率技术相关的教材和文集也陆续出版,国内现已出版的脉冲功率技术方面的主要教材如下:

(1)韩旻,邹晓兵,张贵新.脉冲功率技术基础[M].北京:清华大学出版社,2010。

(2)邱爱慈.脉冲功率技术应用[M].西安:陕西科学技术出版社,2016。

(3)H. Bluhm.脉冲功率系统的原理与应用[M].江伟华,张弛,译.北京:清华大学出版社,2008。

(4)曾正中.实用脉冲功率技术引论[M].西安:陕西科学技术出版社,2003。

(5)王莹,孙元章,阮江军,等.脉冲功率科学与技术[M].北京:北京航空航天大学,2010。

(6)李正瀛.脉冲功率技术[M].北京:中国水利电力出版社,1992。

1.2　能量压缩的概念

理解脉冲功率技术的含义,一定要抓住"功率"二字,在脉冲功率装置中,有时能量并不一定很大,但是由于能量释放的时间极短,因此可以得到极高的功率(见图 1-4)。例如,1 J 的能量在 1 ns 内释放,则其功率可达到 1 GW,即

$$W = \frac{1\ \mathrm{J}}{1\ \mathrm{ns}} = 1\ \mathrm{GW} \tag{1-1}$$

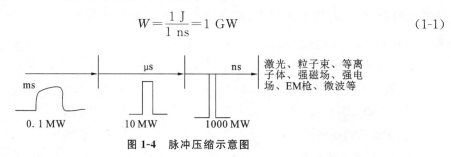

图 1-4　脉冲压缩示意图

自然界中最典型的脉冲功率实例就是雷电,其破坏力极大,但雷电放电瞬间功率虽然极大,雷电的能量却很小。以中等雷电为例:雷云电位以 50 MV 计,电荷 $Q = 8$ C,则其能量为

$$W = \frac{1}{2}UQ = 2 \times 10^8\ \mathrm{J} \approx 55\ \mathrm{kW \cdot h} \tag{1-2}$$

即等于 55 kW·h 电能(约等值于 4 kg 的汽油的能量)。每平方公里每年(雷暴日为 40)约落雷 0.6 次,所以每平方公里每年获得的雷电能量为

$$W = 55 \times 0.6\ \mathrm{kW \cdot h} = 33\ \mathrm{kW \cdot h} \tag{1-3}$$

雷电主放电的瞬时功率 P 极大。例如,以雷电流 $I = 50$ kA,弧道压降 $E = 6$ kV/m,雷云 1000 m 高度计,则 P 可达到

$$P = 50 \times 6 \times 1000\ \mathrm{GW} = 300\ \mathrm{GW}$$

它比目前全世界任何电站的功率还要大！

那么什么是脉冲功率？脉冲就是在相对较长的时间内（秒到分钟）储存的能量，在相对较短的时间内（纳秒级）放电，压缩时间之比达到 10^9。例如，美国 Z 装置储存约 20 MJ 能量的时间大约为 3 min，平均功率约为 100 kW，在百纳秒级内将能量向导体负载释放，峰值功率达到 80 TW！而 2021 年世界总发电容量为 4 TW。

在脉冲功率装置中除了有能量的时间压缩外，还有能量的空间压缩，Z 装置在能量空间上是将储能单元的能量释放到如图 1-5 所示的小负载上。

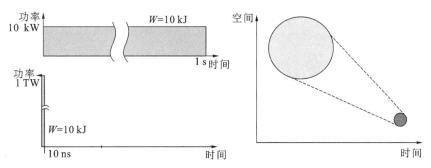

图 1-5　脉冲功率能量的时间和空间压缩

与脉冲功率技术密切相关的物理量是能量密度，能量密度一般是储能元件单位体积或单位质量所储存的能量，在建造紧凑型小型化的脉冲功率装置时，需要考虑能量密度。图 1-6 比较形象地说明了能量和能量密度的区别。由图 1-6 可见，2000 kg 的汽车以 115 km/h 的速度高速行驶时具有的能量大约为 1 MJ，远大于 1 根火柴燃烧释放的能量1 kJ，但是高速运动汽车的能量密度约为 0.1 J/cm³，而燃烧火柴的能量密度约为3 kJ/cm³，火柴的能量密度远大于高速运动汽车的能量密度。

2000 kg+115 km/h≈1 MJ V≈10^7cm³
能量密度≈0.1 J/cm³

0.145 kg+169 km/h≈2000 J V≈200 cm³
能量密度≈10 J/cm³

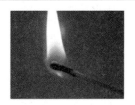

释放的能量≈1 kJ V≈0.33 cm³
能量密度≈3 kJ/cm³

释放的能量≈1 MJ V≈160 cm³
能量密度≈10 kJ/cm³

图 1-6　能量和能量密度的区别

脉冲功率电源装置的体积和规模始终是限制其大规模实际应用的主要因素。新概念武器实战化、工业和民用领域的推广应用,都迫切需要实现脉冲功率电源装置的小型化、轻量化、集成化和实用化。因此,提高电源的储能密度是脉冲功率技术的一个重要发展方向,如何经济、可靠、有效地储存能量是脉冲功率技术领域的重要课题,能量储存系统是强流脉冲放电装置中的重要组成部分,也是脉冲功率技术课程的一个重要内容。

1.3 脉冲功率装置

脉冲功率装置一般由图 1-7 所示几部分组成,即初始能源、中间储能和初级脉冲产生系统、脉冲压缩变换和传输系统、负载系统。在实际应用中,负载的形式是多种多样的,因此脉冲功率装置常常会根据实际需要采用不同的部件组合,来满足实际应用的要求。它通过对储能器件缓慢充能(电),然后在很短的时间内通过对能量的脉冲压缩、整形、传输、匹配和开关等过程处理,实现功率放大和脉冲输出,为高科技装置和新概念武器提供强电脉冲功率源。因此,脉冲功率系统可分为三大部分:①储能系统;②脉冲压缩或形成系统;③负载及其应用系统。

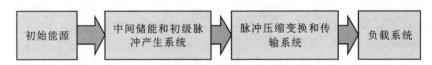

图 1-7 脉冲功率系统基本构成

1.3.1 储能系统

脉冲功率技术常用的储能方式如下。

1. 电容储能

目前可用于电场储能的电容器主要有两类:一是以往用的高压脉冲电容器,要求其内感要尽可能地小,并能多次短路放电,储能密度已从多年前的 200 J/kg 达到目前的 2 kJ/kg;二是新型的双电层(超级)电容器,储能密度已达 30 kJ/kg 以上。用这些电容器可构成以下各种发生器来作为脉冲功率系统的初级高压脉冲电源,它们是:蓄电池-电容器联合脉冲电源;电容器并联或串联,多半构成冲击电流发生器;经典 Marx 发生器(冲击电压发生器),并联充电后串联放电输出高电压脉冲;高效能 Marx 发生器;电感隔离型 Marx 发生器(包括全电感隔离型和电阻-电感并联隔离型);L-C 倍压器(反向叠加型和振荡级联型)。

2. 电感储能

电感储能脉冲发生器与电容储能脉冲发生器相比较有两大特点：一是电感储能可比电容储能大几十倍乃至百倍，且不像电容储能要受电场强度限制，电感储能仅受电磁力限制；二是必须使用断路开关转换，而电容储能却用短路开关转换。用电感储能产生高压脉冲的方法有4种：单级电感储能转换放电（包括电阻性转换和电容性转换）；多级电感储能脉冲发生器（分组时序并联、多级 Meat grinder 和逐级压缩的电感储能）；用电流过零方法产生连续脉冲（电桥抵消脉冲、反向抵消脉冲和串联抵消脉冲）；用铁磁元件变换脉冲（铁氧体传输线和非线性电感磁压缩）等。

3. 脉冲发电机

这些是利用机械能转换电脉冲的发电装置，多半是先用透平机或电动机把大质量飞轮驱动起来旋转到高速，使飞轮惯性地储存动能，然后通过短路工作状态转化的电能释放给负载，使其产生电脉冲输出，同时飞轮因释能而被减速或停转。

惯性储能的脉冲发电机有多种，它们是：脉冲功率用同步发电机；直流脉冲发电机；单极发电机（自激式和他激式 HPG）；补偿式脉冲交流发电机（CPA，包括主动 CPA、被动 CPA、选择被动 CPA、串激 CPA 和高压脉冲发电机）；旋转式磁通压缩发生器（包括主动式、切割式、挤压式和变磁通旋转式）；变感-电脉冲放大机（包括线圈式和类传输线式）；增频脉冲发电机（包括机械变频型和电变频型）；圆盘交流发电机（包括单转子结构型和多转子结构型）；变容脉冲放大机和压电式脉冲发电机等。其中补偿式脉冲交流发电机是利用电磁感应和磁通压缩两种原理，实现对旋转线圈电感补偿，把惯性储能、机电能量转换和脉冲形成三者融为一体，能直接以几百赫兹的频率输出几千伏、几百千安的电脉冲，性能甚为优秀。

4. 化学储能

由于化学燃料，尤其是含能材料，具有很高的储能密度（如高能炸药的储能密度为$4 \sim 6 \ \mathrm{MJ/kg}$），在一定的技术措施下，它们能快速脉冲式地释放并将化学能转换成电能，所以现代脉冲功率技术常采用化学能的脉冲发电装置，除高储能密度的电化学电源（含太阳能光伏电池对蓄电池充电）外，常用的还有各种形式的磁通压缩发生器（发电机）、脉冲磁流体发电机和磁流体电容器等。磁通压缩发生器（MFCG）利用磁通[①]φ 在良导体回路内守恒原理，即电感 L 与电流 i 之间的关系为

$$\varphi = Li$$

通过化学反应产生的机械力做功，压缩回路磁通和减小电感 L，则使 i 增大（因 φ 守恒）。MFCG 种类很多，诸如：变形型的、增互感型的、能重复工作的 MFCG 等。

---

① 磁通又称为磁通量。

1.3.2　脉冲压缩或形成部件

脉冲压缩或形成部件对储能或发生系统输出的功率脉冲进行整形和变窄,以达到需要的脉冲功率和脉冲形状、脉宽,其主要包括以下 4 种类型的部件。

1. 脉冲传输线

脉冲功率常用的单传输线,它的匹配负载仅能获得线充电电压的 1/2,其中包括带状传输线、同轴传输线、径向传输线和螺旋传输线。

2. 脉冲功率变压器

脉冲功率变压器不同于一般的脉冲变压器,它具有大脉冲功率容量,主要用它改变电压和电流幅值,以及压缩和改变脉冲形状,其主要有 4 类:双谐振脉冲变压器;电缆绕组型脉冲变压器(空心和铁心的);纳秒脉冲变流器;特殊脉冲变压器,包括马丁式、HPG 馈电式、自耦三段式、非均匀传输线式、串级式脉冲变压器。

3. 大功率短路开关

大功率短路开关可以隔离或闭合脉冲功率装置,转换能量,缩短脉冲前沿和压缩脉冲,从而改变脉冲形状。大功率短路开关种类繁多,主要有:用电极触发的气体放电开关(包括三电极放电器和四电极短路开关);激光触发的短路开关;触发真空开关(包括平面电极型、同轴电极型、杆排电极型、圆筒阳极型和金属等离子体电弧开关);固体开关(包括可控固体开关、半导体功率器件和光电导通脉冲功率开关);表面放电开关;自击穿开关(包括二电极自击穿开关和多开关型整流器);大功率气体和液体场畸变开关;连续-重复脉冲开关;磁开关。

4. 大功率断路开关

大功率断路开关常用于电感储能脉冲功率装置,其功能是切断电路、升高电压和时间压缩脉冲,主要有:电爆炸导体断路开关(金属丝或箔);等离子体融蚀断路开关(融蚀模型和雪犁模型);机械式断流器(包括真空断流器、波纹式断流器和受控固体断路开关);金属等离子体弧开关;交叉场管;等离子体枪或 DPF 开关;热驱动断路开关;超导断路开关;非线性电阻固体开关;反射开关;电子束控制开关(含闭合功能);炸药爆炸断路开关(单向碎裂型和无感型)。

1.3.3　高功率脉冲的应用

1. 产生强流粒子束

把脉冲高电压加到各种二极管上可产生强流粒子束或闪光 X 射线。强流粒子束可被用于:抗核加固研究;粒子束武器;集团离子加速;电子束产生热激波;电子束起爆高能炸药;制作脉冲中子源;惯性约束聚变研究;尾流场加速;建立脉冲(X)射线环境。

高能粒子加速器的工作建立在很多个高压脉冲调制器的基础之上。现在运行中的加速器使用的高压调制器大多数采用闸流管。闸流管是一种低压气体开关,它的特点是具有高电压、大电流和快速导通的工作能力。最近的加速器发展逐渐对高压调制器提出了固体化的要求,即使用半导体开关器件取代传统的闸流管。这个发展趋势的背景主要有两个方面。首先,闸流管的寿命有限,与工作电压和重复频率有关,连续工作的闸流管的平均工作寿命大致为两到三年。下一代的超大型电子加速器计划使用六百多个高压调制器,如此多的闸流管同时工作时,由闸流管寿命导致的系统故障率使加速器的稳定很难得到保障。另外近年来加速器的工业和医疗应用也要求尽量降低加速器的故障率,因此有必要尽早摆脱闸流管的制约。其次,闸流管的工作具有一定的不稳定性,即每一次的开关动作都具有微小的差异。这个现象随着闸流管接近它的使用寿命而逐渐变得明显,不过通常其程度很小以至于很多情况下不必考虑。但近年的一些高端加速器对束流品质要求非常高,以至于闸流管的不稳定性所带来的影响不能被忽视。因此也有必要尽早地用工作相对稳定的固体器件来取代闸流管。现在的半导体开关器件无法直接取代闸流管,因为它们的单管工作能力与闸流管相差甚远。因此必须将很多半导体器件组合成一个开关系统,代替现有高压调制器中的闸流管,或者基于完全不同的电路模式组建使用半导体开关的固体高压调制器。

2. 泵浦强激光

现代新概念强激光武器的激光器,多采用电脉冲功率泵浦。这类强激光武器的激光器主要有:电泵浦 CO_2 激光器、准分子强激光器、自由电子激光器(放大型和振荡器型)、软 X 射线激光。

多数脉冲固体激光采用闪光泵浦,而多数脉冲气体激光采用放电泵浦。虽然固体激光内的闪光灯也是由脉冲电流驱动的,但脉冲气体激光相对更直接地依赖于脉冲功率。随着脉冲气体激光在工业、科技和国防等领域的普及,它们对脉冲功率源不断提出新的要求。比较典型的例子是准分子激光,因为它在历史上对推动高重复频率脉冲功率技术的发展起到了非常积极的作用。准分子激光作为紫外领域的高功率、高效率激光,在化学、生物学和医学领域的应用价值早就被人们认识到。然而在市场上占据主要地位的是半导体光刻用准分子激光,它的发展和商品化,极大地促进了基于磁开关的脉冲压缩技术的完善和普及。准分子激光通过在平行电极之间驱动脉冲电流对激光气体实施泵浦,出光的能量和质量很大程度上取决于放电的均匀性,而放电的均匀性很大程度上取决于电压的上升时间,因此准分子激光的关键技术之一是脉冲压缩。特别是在高重复频率的工作条件下,即一个脉冲在气体中的影响不能被完全清除的情况下,也能保证下一个脉冲较均匀地放电,这是多年来脉冲功率技术和激光技术综合发展的结果。

半导体集成电路制作过程光刻的分辨度基本决定了电路的集成度,而光刻的分辨度与使用光源的波长直接有关。随着集成电路集成度的提高,半导体光刻用光源正在向短波长的方向发展。现在的主力光源是波长为 193 nm 的氟化氩激光,下一代候选光源是波长为 13.5 nm 的极紫外(EUV)光源,它主要是由高度电离的锡等离子体产生的。为在 13.5 nm 的波长领域获得一定的能量效率,等离子体必须达到必要的温度和密度。实现这个等离子体的技术途径主要有两个:一个是脉冲激光生成的等离子体,另一个是脉冲放电产生的等离子体。为了使放电产生的等离子体满足极紫外光源的要求,放电电流必须满足一定的条件,因为脉冲大电流和它的快前沿是制约等离子体膨胀的前提。另外,由于这样产生的等离子体不可能长时间得到维持,为了获得所需的输出光平均功率,脉冲放电必须达到一定的重复频率。

3. 激励强电磁脉冲

强脉冲电磁场有重要用途:一方面,可用它作为电磁脉冲武器以便软或硬杀伤目标;另一方面,可用产生的强电磁脉冲进行各种模拟试验,以此加固己方的电子、电力系统,避免电磁干扰破坏。激励高功率电磁脉冲的方法分为两类:一是用高功率粒子束激励,产生高功率微波,制作微波武器;二是用高功率脉冲电源直接激励合适的负载,产生各种宽频谱电磁脉冲。电磁脉冲主要用于:高功率微波武器(含微波炮和微波弹);电磁“导弹”;电磁脉冲炸弹;电磁脉冲模拟。

4. 产生和约束等离子体

θ 箍缩、Z 箍缩及等离子体焦点装置是利用高功率放电产生不同位型的等离子体;利用高功率脉冲放电所产生的强磁场,可进行磁约束核聚变(如托卡马克、磁镜、仿星器)。

5. 电磁形成

在工艺学方面,可以利用大功率脉冲放电产生的强磁场进行金属形成加工,包括对金属工件正形成和负形成加工。

因为此时力的传递是借助工件材料内的电子受力而实现的,因此力的传递可无机械接触,不存在高温,工件剩余应力小,具有良好的可控性和重复性,并且生产效率高。

6. 电磁冲击

利用大脉冲电流产生的磁场,进行类似冲击机或水下爆炸对大工件进行冲击加工或试验,如对车外壳、船甲板等冲击试验和加工。

7. 模拟雷击效应

利用脉冲放电模拟电力系统中的雷击效应及其防护加固,模拟雷击航空航天器效应及其防护加固,以及研究雷电新概念武器。

8. 电爆炸

电爆炸产生的强光辐射和冲击波等可以模拟核爆炸某些效应；电爆炸导体可用作大功率断路开关；液电爆炸效应可用作电水锤，制作用于人体结石粉碎的医疗器械；在小室内爆炸制备有广阔用途的金属及其合金的纳米材料。用电爆炸金属线进行喷涂，也是一个很好的工艺方法。脉冲大电流可以瞬时让金属丝材料熔化、蒸发，进而发生电离以形成等离子体。这个过程始于欧姆加热产生的能量沉积，金属丝的电阻率通常随温度的升高略有增大，温度升高进一步提高能量沉积率，直到材料产生气化，气化过程使电流通道的阻抗迅速上升，与此同时其两端电压也迅速上升。如果在真空环境中，金属导线的蒸发和消失可以起到迅速切断电路电流的作用，因此，电爆炸金属丝可以用作高功率断路开关。作为材料应用，电爆炸金属丝被用于纳米粉末制作。这时的电爆炸过程是在某种背景气体中进行的，气体的主要作用是控制等离子体的膨胀，另外在必要时可以通过与气体的化学反应获得金属化合物，如氧化物或氮化物等。在背景气体的环境下，金属丝的气化所导致的电压上升通常发展到击穿放电，即等离子体通道的形成使负载阻抗突然降低，这个现象可以从电参数的波形上清楚地看到。击穿后的放电电流继续向金属蒸气（和等离子体）沉积能量，直到电源的能量释放结束。

9. 环保和医疗

脉冲功率技术在环保和医疗方面也有广泛的应用，如脱硫脱硝和污水处理；将产生的 NO 用于医疗，以及脉冲放电除尘等。

1）废气处理

废气处理的重要目标之一是脱硝。现在的主要脱硝技术都采用催化剂。基于气体放电的各种等离子体处理技术已被研究了很长时间，然而到目前为止它们都还没有达到可实用的程度。虽然人们已基本清楚地认识到等离子体在脱硝反应中的化学作用，但切实可行的装置必须在能量效率和寿命等方面满足一定的条件。使用等离子体的气体处理方法主要基于电子的碰撞分解和对化学结合途径的控制。碰撞分解要求等离子体中的电子必须具有足够高的动能（数电子伏）。而等离子体中的离子和中性粒子必须基本处于常温，因此这是一种非热平衡等离子体，脉冲气体放电是产生非热平衡等离子体的方法之一。在高电场的作用下电极间的气体发生击穿，流注放电产生大量的自由电子，它们在外加场的作用下得到加速并与气体分子碰撞。常压气体中在不采用阻挡介质的条件下，流注放电最终会向弧光放电发展，而脉冲气体放电的特点是在弧光通道形成之前结束外加电压脉冲的，这通常要求脉冲宽度小于数十纳秒。因此从脉冲功率的角度看，用于驱动脉冲气体放电的脉冲功率源必须具备高压、短脉冲和能够有效地与阻抗快速变化的负载相耦合的能力。这些要求实际上对未来小型脉冲功率发生器的发展是很有促进意义的。

2）废液处理

等离子体技术从废气处理发展到废液处理。其概念基本相似，即利用电子碰撞直接或间接地对有害物质进行分解。但液体中的放电与气体相比，其击穿场强要高很多，而且亚稳态粒子在液体中的作用范围有限。较实用的方法是在液体和气体混合的条件下进行放电。比如较简单的方法是在液面附近放电。较复杂的方法是在液体中注入气泡，或在气体中淋入水滴，然后开始放电。在这些情形下，放电主要在气体中发生，而放电产生的自由基透过液面对液体分子产生作用。随着各国政府对废液排放品质和废水再利用的要求逐步提高，以半导体制造业为主的大规模排放企业都在为今后环保型生产模式的建立探索技术途径。其中的一个重要课题就是去除废液中的有害成分，以降低排放并提高水的再利用率。现在正在使用的主要是化学方法和生物方法，今后等离子体方法必然会作为一种辅助方法得到普及。

3）杀菌与消毒

传统的杀菌通常采用高温或高压消毒法，但它不能满足对水果和蔬菜等保鲜和保质的要求。另外，一些昂贵的现代化医疗器械也需要常温、常压灭菌。于是出现了低温等离子体杀菌法，比如采用过氧化氢的低温等离子体杀菌法主要利用过氧化氢的强氧化性破坏细菌的组织。但是低温等离子体杀菌法通常需要被消毒部位直接接触等离子体，否则其效果会明显减弱。随着人们生活水平的提高，食品安全越来越受到重视。特别是对于生鲜食品，在保质、保鲜的基础上进行的杀菌，是一个非常重要的课题。近年来有人提出了脉冲电场杀菌法。该方法主要利用细胞膜与周围介质间介电特性的差别，将快脉冲外加电场集中于细胞膜，并予以破坏。这个方法较适合于液体中的杀菌应用，因此已实际应用于果汁和牛奶等液体饮料。在液体通过的处理器两边安装高压电极，高重复频率的脉冲电场可以对液体产生杀菌作用。但这种方法对空气中的固体食品，由于电场集中比较困难，杀菌效果十分有限。

4）脉冲电场疗法

作为癌症治疗的新方法，近年来脉冲电场疗法正在受到重视。癌症治疗的基本目标是杀死癌细胞。与传统疗法（如手术疗法、药物疗法、放射线疗法等）不同的是，脉冲电场疗法通过外部脉冲电场对癌细胞产生刺激，使其自身进入细胞凋亡。也就是说脉冲电场疗法的目标不是直接对癌细胞进行物理破坏，而是通过诱导它进入其自身固有的程序死亡过程，从而实现治疗目的，因此脉冲电场疗法的生物学机制相对复杂。现在有关的研究虽然处于初期阶段，但今后如果在机理和控制方法上有所突破，脉冲电场疗法对癌症医学的贡献会是巨大的。实验结果显示，脉冲电场疗法的技术关键之一是脉冲前沿。脉冲宽度和上升前沿的陡度直接决定电场作用的大小和效果，这主要是由于电场的有效作用位置与它的特征频率有关。

10. 电热炮、电磁发射和电装甲

在电热发射中,只用等离子体推进弹丸的电热炮称为纯电热(或直热式)电热炮;用等离子体加热分解推进剂并使其气体膨胀,一同推进弹丸的电热炮称为电热化学(或间热式)电热炮。

电磁发射(EML)是利用电磁力在较短的时间内把物体推进到超高速度(>3 km/s)的发射。电磁发射器俗称电磁炮,由高功率脉冲电源、发射器和电枢-弹丸组件三大部分构成。电磁发射所用的高功率脉冲电源的电压常在几千伏至几百千伏,电流在几十千安至几兆安,脉宽在几毫秒至秒。

电装甲是一种新概念装甲,它利用电磁力拦截、干扰和变相破坏来袭的射弹,从而防止射弹或射流对装甲车辆的攻击。电装甲可分为主动电装甲、被动电装甲和可储能电装甲,它们的工作原理源于电热炮和电磁发射器。

参 考 文 献

[1] 王莹. 脉冲功率技术综述[J]. 电气技术, 2009(04):5-9.

[2] 刘锡三. 高功率脉冲技术[M]. 国防工业出版社, 2007.

[3] 丛培天. 中国脉冲功率科技进展简述[J]. 强激光与粒子束, 2020, 32(02):6-16.

[4] 谭亲跃. 大容量脉冲功率系统对电能质量的影响研究[D]. 武汉:华中科技大学, 2011.

[5] 卢法龙. 高温超导储能脉冲电源的放电模式及其电磁推进应用研究[D]. 成都:西南交通大学, 2019.

[6] 江伟华. 高重复频率脉冲功率技术及其应用:(7)主要技术问题和未来发展趋势[J]. 强激光与粒子束, 2015, 27(01):16-20.

[7] 李成刚. 高能 X 射线源焦斑尺寸诊断技术研究[D]. 绵阳:中国工程物理研究院, 2015.

第2章

脉冲储能技术

能量储存是脉冲功率技术领域中的重要课题,能量储存系统是强流脉冲放电装置中的重要组成部分。脉冲装置直接从电网获得满足一定波形要求的脉冲大功率是不可能的,因为电网瞬间释放不了这么大的功率。一般都是借助于能量储存系统先把能量在较长的时间里(相对放电来说)储存起来,然后再瞬时释放出来,以获得脉冲强电流和大功率。储存能量的方法有很多种,通常使用的储能系统有电容式、电感式、化学式(电池和烈性炸药)和惯性旋转机械。储存能量的方法各有所长、相互补充,比较这些系统时要考虑的显著特征是能量存储密度、储存损耗率、充电和放电速率(决定了能量传输最小时间和峰值功率能力)、成本、尺寸等。

电容储能应用最广且技术成熟,可用于毫秒、微秒、毫微秒级的脉冲功率装置,其缺点是储能密度小;电感储能的主要优点是储能密度大,但电感储能技术尚不够成熟,电感储能需要断路开关,由于没有可用的大功率重复断路开关,因此电感储能使用较少。

机械储能是把能量储存在运动物体中,使运动物体突然急剧地减速把能量释放出来,常用的有电动发电机组机械储能系统(直流发电机组、单极发电机组和交流发电机组)。高级炸药所储存的化学能通过爆炸可在微秒级释放出来,但其能量一旦释放,基本很难得到精确控制。目前脉冲电容器储能元件的重复频率可达几千赫兹,加之电容器的储能密度及寿命研究取得了很大进展,所以,脉冲功率装置使用电容器储能居多。

几种常用的脉冲电源储能方式对比由表 2-1 给出。

表 2-1　几种常用的脉冲电源储能方式对比

储能方式	储能机理	能量方程	条件假定	数值限定	能量密度/(MJ/m³)
电容器	电场能	$W = CU^2/2$	塑料膜	击穿场强 $E_{op} = 400$ V/μm $\varepsilon_r = 10$	7
转子	惯性	$W = I_m \omega^2/2$	高速转子	转子密度 $\rho = 1500$ kg/m³ 转子边缘速度 $v = 600$ m/s	135

续表

储能方式	储能机理	能量方程	条件假定	数值限定	能量密度/(MJ/m³)
电感	磁场能	$W=B_{op}{}^2/2\mu_r\mu_0$	空心	$\mu_r=1$　$B_{op}=40\text{ T}$	640
电池	电化学	—	锂离子	3.8 V	4000
推进剂	化学	—	高能量密度	—	5000~10000
柴油燃料	化学	—	大气供氧	—	40000

　　一般大装置的储能系统,综合了几种储能方法。如脉冲发电机组作为电感储能系统的电源;电容器组作为电感储能系统的电源等。能量的储存是一个很实际又复杂的课题,本章只是从原理上简要说明。

2.1　脉冲电容器

　　尽管能量密度较低,但与电感储能脉冲发生器的断路开关相比,用于电容器储能的快速闭合开关技术要成熟得多,可供开关选择也较多。电容器的能量保持时间远远大于电感储能装置,这给一些领域的应用提供了方便。因此,高压电容器仍是大多数脉冲功率系统的主要储能器件。

　　以平板电容器为例,如果电容量为 C,存储能量为

$$W_c=\frac{1}{2}CU^2 \qquad (2\text{-}1)$$

式中:U——充电电压;

　　$C=\varepsilon_0\varepsilon_r S/d$——电容量,与面积 S 和相对介电常数 ε_r 成正比,与介质的厚度 d 成反比。

　　图 2-1 所示的为电容器主要组成部分的示意图。在许多电容器里,金属电极上压接或焊接着金属接片作为电流引出端。本节从电容器的主要性能参数入手,对电容器进行介绍。

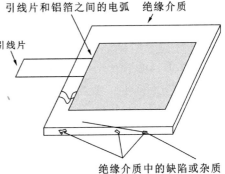

图 2-1　电容器主要组成部分的示意图

2.1.1　电容器的储能密度

　　在脉冲功率源中,脉冲电容器占据了大部分体积。如果能大幅度减小脉冲电容器的体积,就能有效缩小脉冲功率电源的体积,提高电源系统的实用化。在储能要求一定的情况下,减小脉冲电容器的体积,就必须提高电容器的储能密度。

电容器的体积储能密度为

$$w_\mathrm{d}=\frac{W_\mathrm{c}}{V}=\frac{\frac{1}{2}CU^2}{Sd}=\frac{\frac{1}{2}\frac{\varepsilon S}{d}(Ed)^2}{Sd}=\frac{1}{2}\varepsilon_0\varepsilon_\mathrm{r}E^2 \tag{2-2}$$

式中：E——储能介质的击穿场强；

w_d——电容器的理论储能密度。

组成电容器内部的电容称为元件，通过串、并联连接元件得到额定的电压等级和容量的电容器。图 2-2 所示的为多个元件组成一个完整电容器的示意图。元件由铝箔极板及高介电性能聚丙烯薄膜卷绕一定圈数而成。

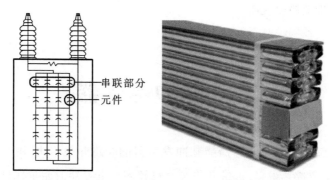

图 2-2　多个元件组成一个完整电容器的示意图

考虑到电容器体积利用率，则可得电容器的有效储能密度 D_e 为

$$D_\mathrm{e}=\frac{1}{2}k\varepsilon_0\varepsilon_\mathrm{r}E^2 \tag{2-3}$$

式中：k——体积封装系数，其值等于两极板间储能介质的有效体积与电容器实际体积的比值，$k<1$。

从式(2-3)可知，提高电容器的储能密度有以下四种措施：

(1)采用高介电常数储能介质，即提高储能介质的相对介电常数 ε_r；

(2)提高电容器工作场强 E；

(3)提高电容器体积封装系数 k。

表 2-2 所示的为常用绝缘材料的参数。

表 2-2　常用绝缘材料的参数

材料	ε_r	击穿场强/$(\mathrm{kV\cdot cm^{-1}})$	$\tan\delta$
聚酯薄膜	3	400	0.001
聚丙烯	2.55	256	0.0005
聚四氟乙烯	2.1	216	0.0002
聚亚酰胺薄膜	3.4	2800	0.01
聚偏氟乙烯	10	500	0.04
变压器油	3.4	400	0.0002

续表

材料	ε_r	击穿场强/$(kV \cdot cm^{-1})$	$\tan \delta$
氧化铝	8.8	126	0.01
钛酸钡	1143	30	0.01
环氧树脂	3.5	320	0.014

早期的脉冲电容器采用铝箔作为电极,其基本结构为三个部分:固体电解质薄膜、电极、浸渍剂,这种电容器称为箔式电容器。图 2-2 所示的为箔式电容器。箔式电容器的等效串联电阻和电感较小,通流能力大,在快脉冲大电流的领域有重要应用。然而一旦介质膜发生击穿,绝缘不会恢复,电容器寿命将终结。为了保证其可靠性,一般都留有较大绝缘裕度,所以箔式电容器不能在高场强下工作。由于铝箔相对较厚(微米级),铝箔没有储能作用,加之箔式电容器需浸油处理,封装系数较低,故箔式电容器储能密度较低。

金属化膜电容器在介质膜上真空蒸镀极薄(纳米级)电极,当电容器介质膜发生击穿形成放电通道时,电荷通过放电通道形成大电流。由于金属层非常薄,击穿点处大电流产生的焦耳热使得击穿点附近金属层局部温度升高,使周围金属层受热蒸发并向外扩散,金属蒸气被电离而形成等离子体,随着蒸发面积扩大,等离子体放电电弧难以持续,电弧熄灭,这种局部击穿放电不会影响整个电容器,电容器恢复绝缘,这一过程称为金属化膜电容器的“自愈”,如图 2-3 所示。自愈后电容器能继续工作,金属化膜电容器的自愈性能使电容器寿命大大延长。自愈性能使金属化膜电容器的可靠性大大提高,可以使储能介质的工作在较高的场强下,故能具有很高的储能密度,同时绝缘介质金属化的金属层较金属箔所占的体积要小,也有利于提高储能密度,在对储能密度要求高的应用场合,金属化膜电容器是较好的选择。

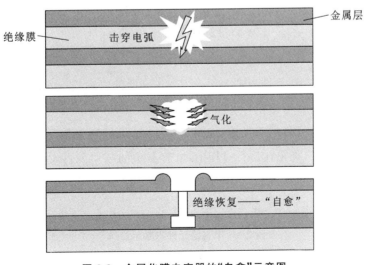

图 2-3　金属化膜电容器的“自愈”示意图

2.1.2　电容器的失效与寿命

电容器的故障主要有：绝缘介质的缺陷或不均匀造成的绝缘击穿、金属箔电极边缘的绝缘击穿、引线片之间的打火、金属箔电极或引线片之间的沿面闪络。

美国圣地亚国家实验室对主要的电容器制造商（通用原子公司（GA，前身为麦克斯韦实验室）、汤姆逊、金晟杰（哈弗莱））的箔式电容器进行了评估，发现很多情况下电容器的破坏并不是绝缘介质老化造成的，而是由于机械故障和外部闪络造成的，如电极引出根部脱落等。由此可见，加工工艺的研究及控制对电容器质量同样具有重要的意义，电容器的工艺包括元件的组合、引线方式和外壳等。为了减小连接线引起的电感、电阻，并承受放电大电流产生的电动力，连接线一定要采用宽带结构，不准有裂纹，端面要整齐，不许有毛刺。电容器如果采用塑料外壳，则具有工艺简单、重量轻、充分利用使用空间的优点，可以降低内部绝缘设计难度，但要注意保证绝缘外壳能承受工作时的机械应力及电磁力应力的需求。

对电容器即将失效或寿命终结的判定是非常困难的，如果电容器被击穿充不上电，则很容易判定电容器失效，但是在实际中，电容器失效前症状的判定十分困难，如：有的电容器虽然鼓包，但还能充放电很多次；有的电容器在试验中出现异常响声，但寿命并未立即终结。常规检测方法（如耐压、介质损耗、泄漏电流等），可在电容器投入使用前剔除具有严重缺陷的产品，但无法发现具有微小局部缺陷的电容器，且无法评估电容器的绝缘状态和寿命。有研究人员提出用局部放电试验来评价脉冲电容器绝缘质量，确定绝缘介质的工作场强，预测电容器的寿命，但两者之间的对应关系并不明确且局部放电（局放）测试也较麻烦。

关于电容量的变化判据，金属膜电容器以 5% 的电容量损失作为金属化膜脉冲电容器工作寿命终止的指标，这是由金属化膜电容器"自愈"式工作特点决定的。对于箔式薄膜电容器，一般都由电容器元件串联封装而成，电容器的寿命终止前应该会表现出电容量的增大。

假设电容器为 6 个元件串联而成，如图 2-4 所示，设电容器单元件的电容量为 C，则电容器的总电容为 $C/6$，如果在运行过程中，电容器中的某单元件发生击穿，在总电容器的总电容量会变为 $C/5$，则电容量变大了。

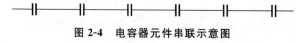

图 2-4　电容器元件串联示意图

电容器寿命与电容器充电电压、反峰系数 R、重复放电频率、振荡频率 f、峰值电流、工作温度等因素密切相关。目前，国内的脉冲电容器标准对电容器的寿命没有说明，对电容器最大耐受反峰电压、最大耐受峰值电流没有相应的规定。国外的脉冲电容器生产厂家及大的实验室也没有统一的评价标准,各厂家和实验室一般都依据自己的工程经验来进行寿命评价,一般认为电容器的寿命为

$$L = L_0 \left(\frac{U}{U_0} \right)^{-7.5} \left(\frac{\ln R}{\ln R_0} \right)^{1.6} \left(\frac{f}{f_0} \right)^{-0.5} \tag{2-4}$$

2.1.3　电容器的整机结构设计

脉冲功率系统要求电容器的固有电感作为回路电感应尽可能小。在介质材料、结构形式确定的前提下,需要完成电容器整机结构设计,设计内容主要包括三个方面:低电感结构设计、绝缘结构设计以及封装结构设计。

1. 低电感结构设计

电容器单元件的电感与元件的卷绕形式和结构、电极引出方式和位置有关。元件卷绕结构主要有扁形元件和圆柱形元件,扁形元件便于紧凑型连接,可降低连接线电感;圆柱形元件排列紧凑度不如扁形元件,但可以通过改进卷绕方式(如同轴卷绕)降低元件自身电感。电极引出方式和位置会导致放电时电流路径不同,也会影响电容器电感大小,因此需要通过仿真计算和试验测试,对电极不同位置和引出方式条件下的电容器电感进行研究,研究不同卷绕方式和结构、电极引出方式和位置对电流路径和电容器电感的影响,通过仿真计算和试验测试,加以不断优化,提出合适的电容器元件结构形式。图 2-5 所示的为两种电容器元件结构形式。

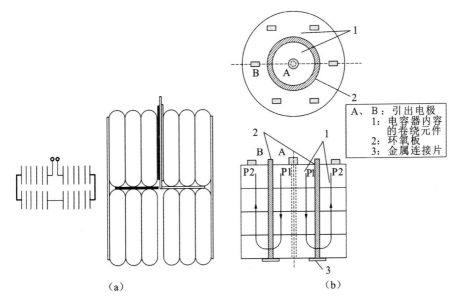

图 2-5　两种电容器元件结构形式

(a)扁形元件;(b)圆柱形元件

在低电感电容器元件的基础上，通过选择合适的元件排列方式以及电极引出方式等来降低整机的固有电感。排列方式与元件卷绕结构方式相关，扁形元件便于层叠式排列，结构紧凑，连接线较短，而且易于进行迂回式串联排列，降低电感；圆柱形元件可采取同轴式卷绕串联的方式，单元件电感较小，输出同等电压条件下，可较少串联。

电容器整机采取的同端引出的方式可使引出线电流相反，降低电感。但是，考虑到与开关器件以及与系统的配合、与整体的绝缘配合，电容器也可以采取电极从两端引出的方式。

2. 绝缘结构设计

电容器内部绝缘需要考虑的主要有以下几点：电容器单元件内部的绝缘（包括电极边缘电场畸变、电极留边绝缘距离选取、外包膜绝缘性能的评测及元件引出电极之间的绝缘等），以及电容器整机的绝缘（包括元件与元件之间的绝缘、外壳的绝缘及输出电极之间的绝缘）。

对单元件而言，增加介质的厚度或者采取内部元件串联结构可以提高单元件工作电压，但电极间电场强度会随之升高，电极边缘的电场畸变和局部放电会变严重，电容器工作可靠性会降低。因此，需要考虑电极边缘电场畸变。通过有限元分析方法，对电容器电极边缘电场进行分析，并结合介质膜的击穿特性分析，提出降低边缘电场畸变的措施，保证单元件的工作可靠性。

对电容器整机而言，采取绝缘外壳，将降低内部绝缘设计难度，但要保证绝缘外壳能承受工作时的机械应力及电磁力应力的需求。其中，电容器整机主要的绝缘问题在于输出电极之间的设计，如果输出电压等级较高（如 100 kV），而电容器尺寸要求较严格，既要考虑与开关等其他器件的配合，又要考虑到尺寸增大会导致电感增大等。因此，两输出电极之间的设计距离较短，可通过绝缘隔板及整机浸渍的方式来提高整机的绝缘性能，保证较小的尺寸来达到工作可靠性的需求。

3. 封装结构设计

封装结构设计需要与绝缘结构设计综合考虑，主要侧重于提高电容器整机的封装系数，提高其储能密度。

4. 加工生产

加工生产中加工工艺的研究及控制对电容器质量同样具有重要的意义。加工工艺的控制需要准确执行到设计阶段的各个细节，具体包括卷绕工艺、整机绝缘尺寸的严格执行及整机的封装浸渍工艺等。同时，设计的技术参数要求必须满足加工生产可以完成的条件。

5. 电气性能测试

电气性能测试主要包括电容器耐压能力测试、内感的测试，以及通流能力和工作可靠性的测试等,通过各个测试的综合性能来评价电容器的质量。如果电容器在百纳秒级放电条件下应用,由于电容量和内感受到杂散参数的影响,对其电感的测量可采用一种短路放电振荡法测试其固有电感,如图 2-6 所示。

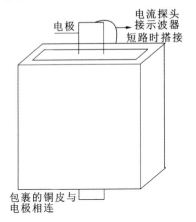

图 2-6　短路放电振荡法测试电容器内感示意图

测量时将电容器负载短路,电容 C 充电至 U_0 后对回路放电,此时可列出微分方程:

$$L\frac{\mathrm{d}i}{\mathrm{d}t}+R_i+\frac{1}{C}\int i\mathrm{d}t=U_0 \tag{2-5}$$

令 $\omega_0=1/\sqrt{LC}$,$\delta=R/2L$,$\omega=\sqrt{\omega_0^2-\delta^2}$,则解得电容器承受电压为

$$I(t)=\frac{U_0}{\omega L}\mathrm{e}^{-\delta t}\sin(\omega t) \tag{2-6}$$

当 $R<2\sqrt{L/C}$,即衰减指数 $\alpha<1$ 时,$U(t)$ 按正弦指数振荡衰减变化,振荡周期为

$$T=\frac{2\pi}{\omega}=\frac{2\pi}{\sqrt{\frac{1}{LC}-\frac{R^2}{4L^2}}} \tag{2-7}$$

从 $I(t)$ 波形上可读出其幅值、上升时间、周期等参数,利用公式能准确地求出回路的电感 L、电阻 R。

测试时放电等效电路如图 2-7 所示。放电前两端的电压为电容器充电电压,在放电瞬间,相当于开关 S 闭合,此时测得的电压为外电路的电压(R_s 和 L_s 上电压)。若放电电流反峰大于 50%,则可以忽略外电路电阻 R_s 对周期的影响。

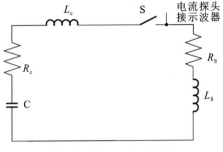

图 2-7　放电时等效电路

如果 R 很小,测出电流波形周期 T,已知电容器的电容值 C,则整个回路中的电感为

$$L_m = \frac{T}{4\pi^2 C} \tag{2-8}$$

依据电流表达式可由的第一个正峰值 I_1 与第二个正峰值 I_2 之比计算出线路中的电阻为

$$R = \sqrt{\frac{L}{C}} \cdot \ln\frac{I_1}{I_2} \tag{2-9}$$

2.2　电　感　储　能

电感储能的主要优点是储能密度大,但电感储能存在以下两个主要缺点。

(1)向负载转换能量时需要大容量的断路开关,并要求这些开关动作快、工作可靠和寿命长。因此断路开关技术是限制电感储能技术发展的因素之一。

(2)单级电感储能装置向负载馈电的能量转换效率较低。对电感负载,最大不超过25%。虽然采用多级电感储能可提高效率,但使电路或设备变得复杂,导致体积庞大和造价升高。

电容储能和电感储能的基本电路图如图 2-8 所示。其工作原理和负载上电流、电压参数的变化规律有一定的区别。

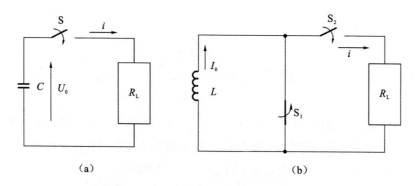

图 2-8　电容储能和电感储能的基本电路图

(a)电容储能基本电路;(b)电感储能基本电路

在电容储能系统的电容-电阻电路中,如图 2-8(a)所示,电能存储在电容器中,然后通过闭合开关 S 传输到负载电阻器 R_L。闭合开关 S 后的负载电压和电流分别为

$$u(t) = U_0 \exp\left(-\frac{t}{R_L C}\right) \tag{2-10}$$

$$i(t) = \frac{U_0}{R_L} \exp\left(-\frac{t}{R_L C}\right) \tag{2-11}$$

式中:t——闭合开关 S 后的时间。

从储能元件传输到负载电阻器 R_L 的功率为

$$P(t) = \frac{U_0^2}{R_L} \exp\left(-\frac{2}{R_L C} t\right) \tag{2-12}$$

在电感储能系统的电感-电阻电路中,如图 2-8(b)所示,电能存储在电感中,然后通过断开开关 S_1 和闭合开关 S_2 将其转换为负载电阻器 R_L。闭合开关 S_2 后的负载电压和电流分别为

$$u(t) = R_L I_0 \exp\left(-\frac{t}{L/R_L}\right) \tag{2-13}$$

$$i(t) = I_0 \exp\left(-\frac{t}{L/R_L}\right) \tag{2-14}$$

式中:t——闭合开关 S_1 后的时间。

从储能元件传输到负载电阻器 R_L 的功率为

$$P(t) = R_L I_0^2 \exp\left(-\frac{2}{L/R_L} t\right) \tag{2-15}$$

由以上的分析可以看出,在电容储能系统的电容-电阻电路中,闭合开关 S 后,负载上的电压和电容器的初始充电电压保持一致,不会突变,但电流会发生突变,如果负载电阻很小,则在负载上可以获得很大的电流,因此在这种意义上讲,可以把电容储能系统的电容-电阻电路称为电流放大电路。在电感储能系统的电感-电阻电路中,闭合开关 S_2 后,负载上的电流和电感的初始电流保持一致,不会突变,但电压会发生突变,在负载上可以获得很高的电压,因此在这种意义上讲,可以把电感储能系统的电感-电阻电路称为电压放大电路。

电感储能也称为磁场储能,即将能量储存在线圈的磁场中。电感储能原理图与电压-电流波形图如图 2-9 所示。

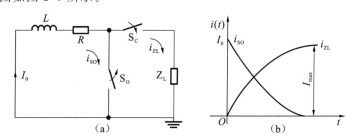

图 2-9 电感储能原理图与电压-电流波形图
(a)电感储能原理图;(b)电压-电流波形图

图 2-9 中,I_0 为充电电流,R 为充电回路电阻,L 为储能电感,S_O 为开断开关,S_C 为闭合开关(负载开关),Z_L 为负载。S_O 开始处于闭合位置,由另外的电源提供"充电"电流 I_0 对电感线圈 L"充电"。当 $t=0$ 时,断开 S_O,电流 i_{SO} 逐渐下降至零;同时开关 S_C 闭合,负载 Z_L 中电流 i_{ZL} 逐渐上升到最大值,如图 2-9(b)所示。这个过程称为换流过程。如果

忽略电阻的影响,换流前后储能电感 L 上总磁通保持不变,即

$$I_0 L = I_{max}(L + Z_L) \tag{2-16}$$

负载电感 Z_L 一般远小于储能电感 L,即 $Z_L \ll L$,则

$$I_{max} \approx I_0 \tag{2-17}$$

而实际上 $I_{max} < I_0$。

电感自放电常数 $\tau_L = L/R$,一般 τ_L 为数秒级。因此,电感储能系统必须用相对电容储能来说是很短的时间充电,这样就需用高功率的充电电源。

电感线圈中的储存能量为

$$W = \frac{1}{2}L I_0^2 \tag{2-18}$$

储能密度为

$$W' = \frac{W}{V_L} \tag{2-19}$$

线圈体积为

$$V_L = Sl$$

式中:S——线圈截面积;

l——线圈长度。

令 B 为磁通密度,μ 为磁导率,μ_0 为真空磁导率,μ_r 为相对磁导率,则有

$$W' = \frac{\frac{1}{2}L I_0^2}{Sl} = \frac{\frac{B^2 Sl}{2\mu}}{Sl} = \frac{B^2}{2\mu_0 \mu_r} \tag{2-20}$$

电感储能密度取决于材料磁导率和最大磁通密度。如空芯线圈的 $\mu_r = 1$,$B = 2T$($1T = 10^4 Gs$(高斯)),则 $W' = 10\ J/cm^3$。如果采用超导线圈,储能密度将大为提高。磁场储能比电场储能具有高得多(几十倍)的储能密度。当装置总容量大于兆焦级时,电感储能比电容储能造价相对便宜,并且,能量越大,经济上优越性越显著。与电容储能装置相比,建造兆焦级以上的电感储能装置可使投资降低 $1/10 \sim 1/5$。但是电感储能在技术上不如电容储能技术成熟。一般电感储能装置的应用迄今多限于大能量的毫秒级放电,如超音速风洞的电源、研究核聚变的 Tokmak 装置上的极向场电源等。

电感储能技术应用上的主要困难在于工作过程中开断巨大的高压大电流(如 $10^4 \sim 10^6\ A$)。电感储能装置能量传输效率较低尤其是在电感负载情况下,使用电阻性断路开关时,最高效率仅为 25%,储能电感要留近 25% 的能量,开关至少要吸收 50% 的能量。在开关中消耗的能量主要变成了热能。因为储能电感储存的能量很大,在开关中损耗的能量也很大,所以对开关发热的要求十分严格。

另外,假设断路开关在 Δt 时间内完全切断,则有负载上电流的平均上升率为

$$\frac{I_L}{\Delta t} = \frac{L}{L + L_L}\frac{I_0}{\Delta t} \tag{2-21}$$

作用在负载上的电压为

$$U = L_{\mathrm{L}} \frac{I_{\mathrm{L}}}{\Delta t} = \frac{L_{\mathrm{L}} L}{L + L_{\mathrm{L}}} \frac{I_0}{\Delta t} \qquad (2\text{-}22)$$

可能达到很高的幅值,它不仅作用于负载上,而且也作用于断路开关上,所以,开关应具有耐受 U 的绝缘强度。

为了减少开关中的能量消耗,提高能量的传输效率,采用了各种改进电路。

因此近年来换流技术研究发展迅速。换流方法主要有两种:一种是直接断流法;另一种是强制过零技术。具体将在下面说明。

1. 直接断流法

直流充电电源对电感线圈充电至额定电流值,当电感线圈电流达到最大值时开断开关(换流元件)断开,从闭合状态转入断开状态,迫使电流转入负载。常用的换流元件材料是用铝或铜的丝或箔,并放置在气体、液体、固体或真空中。其断开机制是焦耳加热使金属体熔化、沸腾、蒸发,由此而造成稠密蒸气的高电阻通道。这种方法曾在早期使用,传给负载的能量效率较低,而且难以做到重复动作。

2. 强制过零技术

开断开关电流被一大小和频率都相等而方向相反的电流抵消,强制使开断开关电流为零。图 2-10 所示的为电感储能强制过零原理图及电流-电压波形图。当 $t < t_1$ 时,S_0 闭合,S_c、S_1 断开,电感 L 充电电流流过闭合开关 S_0。当 $t = t_1$ 时,S_0 开关从闭合到断开,S_1 闭合,预先充电至 U_1 的 C_1 经 L_1、S_1、S_0 放电。放电电流方向使流过 S_0 的电流减小,放电电流频率决定着抵消速度。当 $t = t_2$ 时,S_0 中电流为零,S_1 中电流为 I_0,S_0 断开;当 $t > t_2$ 时,S_0 开断后,C_1 充电,其电压和前面是反极性,$\mathrm{d}U/\mathrm{d}t \approx I_0 C_1 =$ 常量。如果 $L \gg L_1$,则 I_0 为恒定值。当 $t = t_3$ 时,S_c 接通,能量就传送给负载。

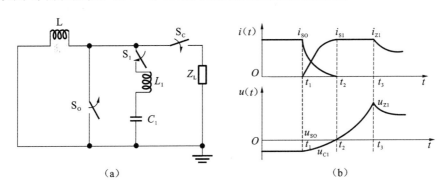

图 2-10　电感储能强制过零原理图及电流-电压波形图
(a)强制过零原理图;(b)电流-电压波形图

电感储能装置使用的开断开关是换流技术的关键,目前世界上对此种开关的研究十分活跃,种类繁多,如等离子体融蚀开关、机械式断路器、固体开关、金属等离子体弧转换开关、熔断丝、炸药断流开关、稠密等离子体焦点开关等。随着近代高功率脉冲技术的发展，当前电感储能系统主要研究新型换流技术（核心是开断开关）等方面的课题。

2.3 超导储能

超导电磁储能技术是利用超导线圈将电网中的能量以电磁能的形式存储起来，在需要时将电能返送到电网或用于其他储能技术。其本质上是一种电感储能技术。使用超导电感储能线圈的优点在于：大大降低了充电功率的要求；可以长期无损耗地储存能量，而且其能量释放时间可由微秒级一直到分钟级。这样，电感储能不但能在微秒级、毫秒级放电领域与电容储能相竞争，而且能在秒级放电领域与机械储能相竞争。向微秒级和纳秒级放电发展是电感储能研究的又一重要课题。苏联在这方面进行了研究工作，例如，他们建成了 2×10^7 J 环形储能线圈。绕组分成 60 组，利用 60 个开断开关串联充电至 100 kA，用 120 个闭合开关并连接至负载，实现了 6×10^6 A、时间为 $150 \sim 200 \ \mu s$ 的快速放电。

由于超导储能（superconducting magnetic energy storage，SMES）系统不需要经过像电能-化学能或电能-机械能这样的能量转换，因此与蓄电池和飞轮等其他储能方式相比，超导储能表现出许多明显的优点：首先，由于超导线圈在超导态下无焦耳热损耗运行，同时电流密度比一般常规线圈高 $1 \sim 2$ 个数量级，它不仅能长时间无损耗地储存能量，而且能达到很高的储能密度；其次，它的储能效率高（可达 95%），响应速度非常快；最后，储能系统容易得到控制，随着电力电子技术的发展，SMES 系统能独立与系统进行四象限有功、无功功率的交换，从而改变供电品质，提高电源稳定性。随着超导技术的日益成熟，SMES 系统除了在电力系统方面的应用外，在等离子物理、受控核聚变、电磁推进、大功率脉冲电源、强流带电粒子束的产生及强脉冲电磁辐射等领域都有极为重要的应用。

近年来，随着工业技术的快速发展，超导储能技术正处于高新技术的前沿，具有广阔的商业应用前景，它将在电力系统中起着不可替代的作用。我国 SMES 系统的研究起步较晚，根据我国未来 10 年要达到的工业水平、国民经济发展及国防现代化的需求，经过努力，一个有规模、有竞争力的以超导技术为基础的产业是完全可以形成的。

超导磁储能系统通过直流电源为超导电感线圈励磁，在电感线圈中产生磁场进而储存能量，在线圈短路后还能形成稳定的磁场以长时间储存能量，当需要能量时可以释放能量。其储存能量 E 与超导线圈的电感 L 和线圈中通过的电流大小 I 有关，即

$$E = \frac{1}{2} L I^2 \tag{2-23}$$

2.3.1　超导体特性

在超导体的应用中,主要涉及以下的一些特性。

1. 零电阻特性

这是指超导体在一定温度下会产生电阻消失的现象,此时超导体的电阻为零。也正是因为这种现象,超导体才得名"超导体"。不过超导现象只是在通过稳定直流[①]的条件下才没有损耗,当超导体处于变化的电磁环境时,仍然会产生损耗,该损耗即交流[②]损耗。

2. 迈斯纳效应

简单来说这是指超导体一旦进入超导态,其内部的磁感应强度就为零的现象,这也就是说超导体具有完全的抗磁性。工程上判断一种材料是否为超导体即看其是否具有零电阻特性和迈斯纳效应两个特性。

3. 超导态与常态之间的相变

这是指超导体只有在合适的条件下才能呈现出超导态的现象。这里的条件一般是指温度、磁场强度、电流密度。这三个条件中任意一个得不到满足,均会导致超导体从超导态转换为常态,通常在工程上称这个过程为失超。为了防止失超,在设计超导体时要留有充足的安全裕度,并且设计合理的失超保护装置。

超导体由超导态转变为常态的三个条件的临界值分别称为临界温度、临界磁场强度、临界电流密度,它们是超导体的三个关键参数。

临界温度 T_C,这是指不同的超导体具有不同的临界温度。

临界磁场强度 H_C,这是指不同的超导体具有不同的临界磁场强度,当超导体所在环境的磁场强度超过这个临界参数时,就会退出超导态。

临界电流密度 J_C,这是指超导体可以无阻地通过的电流密度的大小。在工程上,通常采用临界电流 I_C 代替临界电流密度。当超导体的运行电流超过此临界电流时,就会使其由超导态转变为常态。

温度、磁场强度、电流密度这三个条件中的任意一个参数超出上述对应的临界值时,超导体都会失超,进入常态。另外,临界温度、临界磁场强度、临界电流密度这三个超导体的临界参数是相互关联的,在任意一个条件发生变化的情况下,临界值均会发生变化。表示这些变化关系的曲线包括磁场-临界电流曲线($B \sim I_C$ 曲线)等。

4. 超导带材的各向异性

对高温超导体来说,它们的临界特性还有很强的各向异性。实用的超导体一般是扁

[①]　直流的全称为直流电流。

[②]　交流的全称为交流电流。

平带状,也称为超导带材,其临界电流的变化程度随磁场相对于超导带材方向变化而不同。各向异性是在超导体优化设计时必须要考虑的。

2.3.2 超导线圈

1. 超导带材种类

目前在高温超导储能中应用的超导带材主要包括 Bi[①] 系和 Y[②] 系超导带材。Bi 系超导带材是第一代高温超导带材,它的应用较为普遍,其中的代表超导带材是 Bi-2223/Ag,其临界温度为 110 K。近年来 Bi-2223/Ag 超导带材的临界电流密度得到较大改善,其已经在很多实际领域得到应用,如限流器、超导电机等。

2. 结构选择

储能超导体包括两种结构,分别是螺旋管(单螺旋管和组合螺旋管)形结构和环形结构,如图 2-11 所示。环形超导体由多个螺旋管形超导体或者多个 D 形线圈围绕一圈组成,如图 2-11(b)所示,它可以具有很小的漏磁场,但是它的储能效率较低。组合螺旋管形超导体如图 2-11(a)所示,它由多个单螺旋管形超导体组合而成,它和环形超导体存在同样的问题,它们适用于大容量及超大容量储能场合。单螺旋管形超导体虽然具有较大的漏磁场,但是它的结构相对简单,而且储能效率更高。单螺旋管形超导体一般可以应用在对漏磁场要求不高的场合中。本章所设计的超导体因为储能量不高,所以选择较为简单的单螺旋管形超导体。

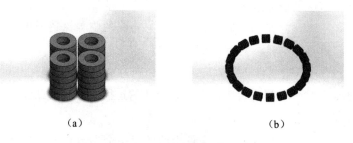

(a)   (b)

图 2-11　储能超导体

(a)螺旋管形超导体;(b)环形超导体

单螺旋管形超导体一般都是以饼式结构线圈为基本单元叠加而成的,这一方面因为当前超导带材长度有限;另一方面是因为目前实际中的高温超导线材(如 Bi-2223/Ag)都是扁平带状的,而且机械性能相对较差,如果按照通常缠绕式的方法绕制螺旋管形线圈,有可能会导致超导带材线芯折断,进而使得其性能变差。

---

① Bi 为铋元素。

② Y 为钇元素。

3. 尺寸参数

绕制超导体的带材选用一种截面尺寸为 4 mm×0.25 mm 的 Bi-2223/Ag 高温超导带材。这种超导带材在温度为 77 K，环境磁场为 0 T 时的工程临界电流为 $I_c = 200$ A。

根据电感的储能公式，在对超导体的储能进行分析时，一方面需要知道超导体的电感值，另一方面需要知道超导体的最大可运行电流，而这两个参数与超导体绕组的结构、形状、尺寸相互关联。设单螺旋管形结构超导体的高为 $2b$，内半径与外半径分别为 R_i、R_o，螺旋管的平均直径为 D，线圈的匝数与体积分别为 N、V，电感值为 L，定义形状参数为 $\alpha = \dfrac{R_i}{R_o}$，$\beta = \dfrac{b}{R_i}$，则有

$$L = \frac{\mu_0}{4\pi} N^2 D f(\alpha, \beta) \tag{2-24}$$

式中：$f(\alpha, \beta)$——α 和 β 的函数；

　　　μ_0——真空磁导率。

由方程(2-24)可以得到超导体的电感值，并根据工作电流计算出储能量。对于一般的超导体，其最大储能量 E 与超导体的电感值 L 呈正比，并与超导体能够通过的最大运行电流 I_m 的平方呈正比。其中，电感值 L 与磁体绕组的结构、尺寸、匝数等参数有关，I_m 与超导体的临界电流有关，这同时也是磁体结构形状的函数。

因此改变超导体的结构、尺寸等参数会导致 L 与 I_m 均发生变化。相同数量的超导带材，采用不同的结构、尺寸或绕制方法，最终得到的磁体储能量大不相同。因为超导带材的特殊性与昂贵性，超导体的设计就是要在满足预定的储能量的前提下，寻求一种最佳的磁体绕组的结构、尺寸，能够使超导带材的用量最少。

2.3.3　超导储能系统结构

超导储能系统一般由超导线圈(超导开关)、冷却系统、失超检测与保护系统、控制系统等组成。图 2-12 所示的为超导储能系统结构简图。

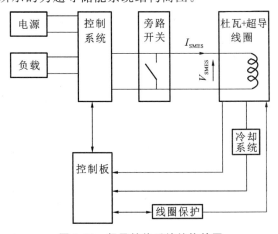

图 2-12　超导储能系统结构简图

1. 超导线圈

超导线圈可分为螺旋管形线圈和环形线圈。螺旋管形线圈主要适用于大型 SMES 系统及需要现场绕制的 SMES 系统,其优点是结构简单,但容易产生漏磁通。环形线圈主要适用于中小型 SMES 系统,较理想的结构是采用环形多级结构,其优点是缩小管外漏磁场,并可减少占地面积。环形线圈的制造有两种方式:一种是连续的螺旋圆环绕组;另一种是由数个短螺旋管形线圈组成圆环。

超导线圈中电流一般都很大,尤其是大型 SMES 系统,其额定电流达 100 kA 以上,故要提高超导线圈性能的核心技术是提高线圈的耐压强度,克服随电流增大而产生的高压,从而保证超导线圈的稳定性。

2. 冷却系统

冷却系统用于抵消低温下的热负荷而使超导体能维持超导态。它是超导装置运行的必要条件。超导线圈冷却方式有两种:一种是需要将线圈浸泡在液氦和液氮等低温液体之中的浸泡冷却方式;另一种是不用液氦和液氮,直接用制冷机由热传导冷却方式冷却超导线圈。前者的稳定性较好,后者操作运行方便。

制冷机传导冷却的超导体有以下几个显著的优点:

(1)运行维护方便,无须补充液氦和液氮就可将超导体冷却下来并维持超导态;

(2)能长时间连续运行;

(3)轻便和紧凑,且由于没有回气系统,超导体易于移动。

由于这些优点,制冷机传导冷却正越来越受到世界各国的科学家和工程师的关注。目前在很多应用领域,传导冷却磁体已经或正在取代浸泡冷却磁体。

3. 电流引线

在工作时通常都需要由室温电源通过电流引线供电,因此电流引线跨越室温区和超导体的低温区,常规的电流引线是由铜制成的,工作时同时存在着沿引线的传导漏热和工作电流产生的焦耳热。研究表明,此时由电流引线引入的漏热是低温系统的主要热源,该漏热对制冷系统的功率等级和超导系统的总体运行费用起着决定性的影响。高温超导体工作在超导态时其内没有产生焦耳热,并且氧化物高温超导体具有很小的热导率,可以大幅度降低沿电流引线的传导漏热,进而显著降低由电流引线引入低温系统的漏热,大大降低超导体的整体运行费用和提高系统运行的稳定性。目前,YBCO 材料、Bi-2212 和 Bi-2223 材料都用于高温超导电流引线。用 Bi-2223 带材制造的高温超导电流引线在抗冲击性(超导块材具有脆性)、长使用寿命、安装的简便性,以及引线两端和其他金属材料的低接触电阻连接上具有明显的优势。在电流引线发生故障时,高温超导带材中的银合金基体还可以作为电流和热的分流通路,对电流引线的安全性有好处,因此在容量较大的电流引线中多被采用。目前世界上容量最大的 70 kA 高温超导电流引线就是用 Bi-2223 带材制造的。

4. 失超检测与保护系统

超导体在热扰动条件下其运行参数超过临界参数(如临界磁场、临界电流密度和临界温度),将导致超导体失去超导特性,称之为失超(quench)。

对于储能磁体的失超保护就是快速检测到失超并在对磁体不造成永久损坏的情况下释放储能。目前超导线圈的失超保护方法有主动和被动保护技术,主动保护技术利用外加装置转移大部分储能,被动保护技术则依靠加速磁体的失超传播来达到保护磁体的目的。

目前国内外失超检测的方法有温升检测、压力检测、超声波检测、流速检测和电压检测。在实际应用中主要采用电压检测,而其他方法并不多见。

5. 超导开关

超导开关是利用超导体处在超导态时的零电阻、低热导性质和迈斯纳效应,以及超导态-常态转变可以由多种因素控制而迅速发生的性质,做成的各种"开关"装置。

超导开关有许多种,最基本的超导开关有热控式超导开关和磁控式超导开关。图 2-13 所示的为热控式开关基本原理图。图 2-14 所示的为磁控式超导开关基本原理图。

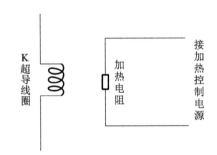

图 2-13　热控式超导开关基本原理图

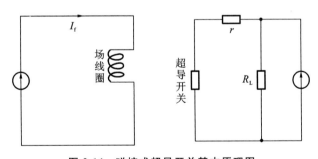

图 2-14　磁控式超导开关基本原理图

热控式超导开关(TCSS)因其电路简单,成为目前使用得最广的一种超导开关,但因其开关时间较长,研究者们又发展了后三种 TCSS 开关。早期 TCSS 开关多使用 NbTi 作超导材料,常做成多股线的形式,随着超导材料的发展,现在高温超导 TCSS 开关多采用 YBCO 材料,以薄膜形式沉积在蓝宝石(sapphire)基质上作为超导材料。

2.3.4 超导电磁储能研究进展

1963 年,John Steky 第一次提出了超导储能磁体的设计方案,并着重强调其结构问题。在 1970 年,美国 University of Wisconsin 的学者进行了超导储能的研究。SMES 系统的第一次商业应用是:1981 年,它被接入连接美国加利福尼亚州和西北地区的 500 kV 太平洋联络线(Pacific Intertie)电力网上,目的是验证 SMES 系统通过阻尼交互区域的振动来改善输电容量。

1982—1983 年,在 BPA(Bonneville Power Administration)Tacoma 变电站安装了 30 MJ 的 SMES 系统,其系统稳定工作了 1200 h,其控制和测试结果表明此系统满足其设计要求。1988—1989 年,University of Wisconsin 与 EBASCO,Westinghouse,CBI 和 Teledyne 合作进行了 20 MW·h 级的 SMES 系统设计。由美国超导公司(ASC)提供的 1 MJ 和 3 MJ 级的 SMES 系统已经达到商业运用水平。目前,美国正在设计制造 100 MJ/50 MW 的 SMES 系统,这是目前制造的存储容量最大的 SMES 系统,设计此系统的目标是抑制电网传输过程中的低频振荡,2003 年完成了磁体线圈的绕制,并在 CAPS(center for advanced power system)上进行了多项测试。

1986 年,日本成立了超导储能研究会,它的任务是实现超导储能系统的实际应用。1991 年,九州(Kyushu)电力公司将一台 30 kJ 的超导储能系统连接到一台 60 kW 的水力发电机上,进行了改善发电机稳定性试验,并取得了较好的试验效果。为了研究哪种容量的 SMES 系统在电力系统中的应用性价比最高,他们又分析设计了 1 kW·h/1 MW 和 100 kW·h/20 MW 的 SMES 系统。2000 年,他们将 1 kW·h/1 MW 的 SMES 系统分别接入到 6 kV 和 66 kV 的电网中进行测试,对 SMES 系统分别采用模糊控制(fuzzy control)和容量控制(stored capacity control)的方法来平衡负载,取得了较好的测试效果。2004 年,日本将 SMES 系统用在风力发电系统中,为提高 100 MW 级的风力发电系统的稳定性,他们进行了 15 MW·h SMES 系统的概念设计。

1988 年,俄罗斯建成的超导托克马克磁体,储能达 370~760 MJ。20 世纪 90 年代以来,俄罗斯的研究人员进行了 100 MJ/20 MW 的储能磁体的设计。2001 年,韩国设计制造了 1 MJ/300 kV·A 的 SMES 系统来作为一个不间断供电电源,并对其进行测试,得到了很好的结果:它能够很好地补偿 3 s 的功率陷落,效率高达 96%,输出电压畸变率达 2.5%,输入电流畸变率达 3%。2005 年,韩国电工技术研究所(Korea Electrotechnology Research Institute)为提高供电质量设计了 3 MJ/750 kV·A 的 SMES 系统,运行电流 1000 A,经测试达到了理想的效果。DGA(DélégationGénérale pour l'Armement)大力支持法国的超导技术研究,在用 Bi-2212 带材成功设计了 100 kJ 的 SMES 系统之后,2004 年,DGA 工程计划设计并建造了 800 kJ 的 SMES 系统,其工程电流密度(engineering current densities)超过了 300 MA/m^2(20 K,5 T)。目前,德国 ACCEL、AEG SVS、EUS 和 E.ON公司共同研制了 150 kJ/20 kV·A 不间断供电系统。

在国内,1995 年以来,中国科学院电工研究所研制成功我国第一台 25 kJ/5 kW 超导储能试验样机,样机的型号为 LTS-uSMES,300 A/220 V。2002 年,中国科学院电工研究所在国际上首次提出了超导限流-储能系统的原理,将 SMES 系统与限流器有机地结合起来,开辟了小型 SMES 系统新的应用途径。2003 年 3 月,中国科学院电工研究所的"超导储能系统的研究"被列入中国科学院知识创新工程方向性项目。该项目在 2011 年 4 月研制出的 1 MJ/0.5 MV·A 超导储能系统是世界上并网运行的第一套高温超导储能系统。中国科学院电工研究所已与华北电力大学、中国科学院理化技术研究所及华北电力科学院等在 SMES 系统工作方面进行了合作。近年来,随着高温超导技术的发展,清华大学、华中科技大学等开展了高温超导储能的研究工作。

2001 年以前主要是对低温 SMES 系统进行研究,目前主要是对高温 SMES 系统设计和应用进行研究。当前可用的高温超导体主要有:钇系 YBCO(YBa$_2$Cu$_3$O$_7$ x)和铋系 BSCCO(Bi$_2$Sr$_2$Ca$_2$Cu$_3$Oy 简称 Bi-2223,Bi$_2$Sr$_2$CaCu$_2$Oy 简称 Bi-2212)。钇系 YBCO 高温超导体的磁场特性优于铋系 BSCCO。但是,其线材制作技术还不成熟。这主要是 Y 系难以采用包套管法(powder in tube,PIT)。目前,采用 PIT 制备长 1.0~2.0 km 的 Ag(或 Ag-Alloy)基 Bi 系多芯复合超导带材的技术已比较成熟。工程电流密度达到 100 A/mm^2(77 K、自场)、长度为 100~1000 m 的 Bi 系多芯复合导线已商品化。因此,目前的高温超导体的设计和制造多选用铋系材料。铋系材料包括 Bi-2212 和 Bi-2223 材料;其中,Bi-2212 和 Bi-2223 的临界温度分别为 80 K 和 110 K。

Bi 系高温超导带材在液氮温度(77 K),其临界电流密度 J_C 易受磁场的影响,即使在较小的磁场下,J_C 也明显下降。在 77 K 时,Bi 系高温超导带材的电流密度将随磁场强度的增大而迅速下降;这将对除电缆(因为高温超导电缆的导体层中相邻共轭层的带材绕向相反,且螺距相等,消除了轴向磁场)以外的应用带来严重的问题。如最近,以色列的研究人员用 Bi-2223 线材研制了工作在液氮温度的 HTS-SMES 装置,不含磁芯时,温度为 52 K、64 K 和 77 K 的储能分别是 72 J、49 J 和 22.2 J;含磁芯时,温度为 52 K、64 K 和 77 K 的储能分别是 193 J、130 J 和 60 J。这证明储能磁体工作在 77 K 时储能效率大大降低。由于目前使用的高温超导体性能的限制,高温超导体应用尚不能工作在液氮温度,一般工作在运行温度为 20~40 K 的范围。液氮温度 HTS-SMES 装置的核心技术是如何解决 Bi 系超导线(带)材临界电流密度小,以及临界电流密度随磁场强度增大而迅速下降的问题,这些问题在超导线圈的端部显得更为突出,因这里的漏磁场最为集中,且基本上垂直于超导带材。目前高温超导体的性能与超导储能装置的要求尚有一些差距,HTS-SMES 装置主要是实验研究,如 1998 年芬兰 Tampere 理工大学研制了一台 5 kJ 的 HTS-SMES 装置。该超导储能的超导体由 11 个双饼 Bi-2223 线圈组成,外径 317 mm、内径 252 mm、高 66 mm,工作于 20 K,运行电流 160 A(平均电流密度为 85 A/mm²),磁体系统采用 G-M 制冷机冷却。德国 EUS 也于 1998 年研制出一台 8 kJ 的 HTS-SMES 原型样机。清华大学、华中科技大学等也开展了 HTS-SMES 装置的研究工作。

国际上已经有商业化的低温 SMES 装置,并在实际应用中发挥了积极作用。目前美国、日本、欧盟等都在积极研究高温 SMES 装置,大都开发出了基于第一代高温超导带材(Bi 系带材)的高温 SMES 原型样机,美国已经有了商用化的小型高温超导储能体,正在积极研究基于第二代高温超导带材(Y 系带材)的高温 SMES 装置。根据 Priority Research的数据,2021 年全球超导储能系统市场规模为 2109.2 亿美元,预计到 2030 年将达到 4353.2 亿美元。对高温超导储能体的研究主要集中在超导储能装置的优化设计、中等规模和大规模高温超导储能器的研制,还有超导储能器并网运行性能和作用等方面的研究。

2.3.5 超导电磁储能的应用及研究方向

事实上,超导电感储能已用于托卡马克的磁场系统。目前已有建造 3.6×10^{13} J 的超导电感储能装置的计划。脉冲功率的超导电感储能的应用,取决于超导体在充电和能量向负载转换期间磁场变化速度的临界性。目前高温超导体研究的突破性进展,已为电感储能在脉冲功率技术中的应用展现了美好前景。

1. 向快放电方向发展

对脉冲功率技术而言,快速放电意味着能量的时间压缩倍数增大和功率的提高。因此,电感储能向微秒级放电发展极为重要。在这方面,苏联的电物理装备研究所曾成功地将线圈分成多组,串联充电,然后并联放电,建成了 60 MJ 的环形储能线圈,实现了 6 MA、50 kV 和 150~200 μs 的放电,此举已接近大容量电容器组的快放电水平。

2. 发展新型断路开关和换流技术

这是既重要又困难的工作。电感储能对断路开关的要求甚高。从早先简陋的电爆炸导体短路开关发展到现在的等离子体融蚀开关,目前已有 20 余种形式的断路开关。但电阻性断路开关用于单级电感储能电路时其转换效率较低。为了提高放电效率,发展了电容换流技术。采用电容换流技术,几乎能使转换效率达到 100%,但所需的电容器组储能量通常却要电感储能的一半,所以,又出现了用直流发电机和单极发电机作为换流电容的技术。

3. 向高阻抗负载和高功率脉冲放电发展

这是近年来一些高新技术领域的需求所致。由于电感储能具有很大的储能能力、高的储能密度、大功率水平和单位能量成本随尺寸增大而减小,因此采用电感储存能量进行高功率连续脉冲放电极为有利。但因要求连续脉冲重复放电的技术起步较晚和难度较大,目前尚有不少困难。采用爆炸导体断路开关阵列级联的方法,每次能获得 3～5 个脉冲,重复频率可达 50 kHz;使用其他合适的断路开关,可获得更高的重复脉冲,其关键在于开关连续断路工作的性能,未来发展方向是高阻抗负载、100 Hz 至几十千赫兹的重复频率和大平均电功率。

2.4　飞 轮 储 能

惯性储能技术,其实就是借助驱动飞轮储存起来的机械能进行脉冲发电的技术。机械能分为静态和动态机械能。如举起重物所储存的势能是静态机械能,但它对惯性储能脉冲功率的实用性不大。动能又分为直线的和旋转的。抛射物体(如炮弹)具有直线动能性质,虽然可达 10 GJ/m³ 的储能密度,但因发射器尺寸和抛射体行走距离等因素限制,对脉冲功率的实用性也不大。储存在旋转机械和飞轮中的动能是旋转机械能,不仅储能密度高,而且转换也较为方便。本章的任务就是研究把旋转机械能转变为强脉冲电磁能的方法。实际上,这些方法都属于机-电能量转换范畴,因此必须借助于耦合场的作用来实现。一方面耦合场从输入系统接收机械能对它本身的储能进行补充;另一方面它释放能量给输出系统。一般来说,使用较小功率的拖动机构,以相对长的时间把一定大质量的转子或飞轮慢慢地加速,使其转动起来,利用转动惯性储存足够的动能;以此动能驱动合适的发电设备,利用其转动惯性把机械能转变成强电磁能脉冲。

如果物体的质量为 m,运动速度为 v,这时,动能为

$$W = \frac{1}{2}mv^2 \tag{2-25}$$

如果一个钢制的飞轮,其圆周速度为 150 m/s,那么它的能量密度为 $W' = 100$ J/cm³。最大能量密度主要受离心力的限制。脉冲发电机组的动能可为 $10^8 \sim 10^9$ J,每个脉冲释放的能量为其动能的 40%～50%,功率为几万到几十万千瓦,脉冲时间一般为数秒。脉冲发电机组机械储能的原理为:感应机为拖动电机,带动飞轮和发电机组起动及转速上升。感应机、飞轮、发电机三者同轴。飞轮转速从 n_0 突然减速到 n,这时飞轮释放的能量为

$$\Delta W = 1.37 GD^2(n_0^2 - n^2) \tag{2-26}$$

式中:GD²——飞轮转矩。

作为高功率脉冲电源用的旋转机械目前主要有两类:一类是直流发电机,它包括换

向直流脉冲发电机和单极发电机；另一类是交流发电机，它包括同步发电机和补偿脉冲交流发电机（compulsator）。尽管在脉冲工作条件下分直流和交流似乎没有实际意义，但从区分结构和性能的观点看仍然有必要。这些旋转机械的发电原理仍然都是基于法拉第电磁感应定律的。首先把脉冲功率用旋转发电机的典型分类和性能列于表2-3供初学者参考。此外，新近提出的无铁异步发电机，其优点和应用对人们也很有吸引力。旋转磁通压缩器和其他各种机电脉冲放大机也值得重视。

表 2-3　脉冲功率用旋转发电机的典型分类和性能

类型	机器名称	储能密度 /(kJ/kg)	功率密度 /(kW/kg)	典型脉宽 /s	典型电压 /V	电源阻抗 /Ω	短路电流 /kA	储能时间 /s	体比能密度 /(MJ/m³)
直流	直流发电机	0.32	0.3	1	1800	0.014 2	1	100	20
	单极发电机	8.5	70	0.1~0.5	100	10^{-5}	2000	415	150
交流	同步发电机	1.3	0.7	71	6900	1.12	6	3000	30
	补偿交流发电机	3.8	250	10^{-4}~10^{-3}	6000	0.084	71	254	100

旋转机械储能装置的储能规模很大，现代涡轮发电机可储存 10^9 J 的动能，不久可能建造 10^{10} J 的涡轮发电机，惯性储能的极限目标是 10^{10} J。此外，旋转机械储能装置具有储能密度高、结构紧凑、体积小、成本低和易做成移动式等优点。因此，旋转机械储能装置惯性储能的高功率脉冲电源现在被广泛地用于下列场合：近代同步加速器、托卡马克热核聚变装置、等离子体 θ 箍缩、大型风洞系统、大截面金属对头焊接、加热钢坯、泵浦大功率激光、作重复发射的粒子束武器（特别是线圈发射器）的电源和电磁发射器的电源、烧结金属粉末、电磁喷涂、模拟地震脉冲和调谐声音、脉冲金属形成、超高电流和磁通密度效应研究等。

飞轮储能高功率脉冲电源具有储能密度高、使用寿命长、能量传递回路短、结构简单紧凑等优点，克服了电容器储能式脉冲电源系统庞大复杂等缺点，是目前军事应用中非常有发展前景的一种高功率脉冲电源。飞轮储能脉冲电源以补偿脉冲发电机（compensated pulsed alternator，CPA）为代表。补偿脉冲发电机本质上属于一种同步发电机，采用补偿结构实现磁通压缩，能够极大降低放电时的电枢电感，从而实现大电流、高功率输出。

补偿脉冲发电机问世以来发展迅速，在脉冲功率领域大显身手。CPA 的基础理论蓬勃发展，多种样机被制造出来，并进行了许多驱动电磁炮、脉冲激光器、电热化学炮的实验。随着现代电力电子技术、先进支承技术、高性能复合材料等技术的进步,脉冲电机的能量密度和功率密度也在不断增加。但是,CPA 的发展仍有许多问题需要解决,如制造装配复杂、电机散热、放电波形与负载匹配、多电机组合同步等问题。

补偿脉冲发电机电源系统的优势如下。

(1)直接与初始功率源耦合,集惯性储能、机电能量转化及脉冲形成于一体,系统构造简单,具有较高的储能密度和功率密度。

(2)脉冲形成易与负载匹配,CPA 脉宽范围从数十微秒到数十毫秒,且脉宽易于调节。

(3)CPA 可提供连发脉冲,适合连续发射武器系统。

(4)电流脉冲自然过零,具有自开关特性,不需要复杂开关技术。

2.4.1　磁通压缩基本原理

由楞次定律可知,磁通脉冲通过一闭合线圈时,线圈将感生出电流,此电流产生的磁场阻碍原磁通的变化,以保持原来总磁通为零的不变趋势。这属于磁场冻结效应。如图 2-15(a)所示,将带有电流为 I_0 的线圈 B 插入与它反向绕制的线圈 A 中,A 将产生感应电流 i_{A0},i_{A0} 产生阻止 Φ_{B0} 变化的磁通 Φ_{A0} 以保持线圈 A 内的总磁通为零。同时 Φ_{A0} 又穿过线圈 B,在 B 中感应出电流 i_{B1},i_{B1} 产生的磁通 Φ_{B1} 又阻碍 Φ_{A0} 穿过 B,以保持 B 内部仍为原磁通 Φ_{B0}。此时线圈 B 中的电流为 I_0+i_{B1},磁通为 $\Phi_{B0}+\Phi_{B1}$。这样,当 B 向 A 内进一步推进时,两线圈的电流均逐渐增大,当两线圈重合时,脉冲电流增至峰值。由于两线圈各自保持着其内磁通不变的趋势,所以原磁通被压缩在两线圈的间隙中,向下插入的 B 线圈的机械能转变成电磁能。

若进而把图 2-15(a)改成图 2-15(b),则图 2-15(b)所示的为 CPA 物理原型。当 B 向下运动时,它切割附近的磁铁磁场而感生初始电流 I_0。若带有 I_0 的线圈 B 继续向内插入时,则按上述的磁通压缩原理可知,将有比 I_0 大得多的脉冲电流输出给负载 R。由于 A 和 B 两线圈匝数和形状相同,并且反向绕制和串联,所以回路总电感为

$$L=L_A+L_B-2M$$

式中:L_A、L_B、M——线圈 A 的电感,线圈 B 的电感和互感。

显然,当线圈 B 彻底插入线圈 A 时,其 M 最大而 L 最小,从而使回路电感得到补偿。如果此时使用的是理想导体线圈,则根据 $i_{L1}=I_0L_2$ 磁通守恒关系,最大电流为

$$i_{max}=\frac{I_0L_{max}}{L_{min}}$$

以上是直观的直线运动压缩情况。若将图 2-15(a)改为图 2-15(c)的旋转情况,上述分析结果依然适用。图 2-15(c)所示的为 CPA 原理图。先假设 A′-A 不存在,其便成为

一台简单的单相交流发电机。若此时转子电枢 B-B′ 的匝数为 N，磁极中心面间隙上的磁通为 Φ，则通过绕组 B-B′ 的磁通 $\Phi=\Phi\sin\theta$，而 B-B′ 绕组上的感应电动势为

$$e=-N\frac{\mathrm{d}\Phi}{\mathrm{d}t}=-N\sin\theta\frac{\mathrm{d}\Phi}{\mathrm{d}t}-N\Phi\cos\theta\frac{\mathrm{d}\theta}{\mathrm{d}t}=e_{\mathrm{T}}+e_{\mathrm{C}} \tag{2-27}$$

式中：$e_{\mathrm{T}}=-N\sin\theta\mathrm{d}\Phi/\mathrm{d}t$——由磁通变化引起的，称为变压器电势；

$e_{\mathrm{C}}=-N\Phi\cos\theta\mathrm{d}\theta/\mathrm{d}t$——由线圈旋转时切割磁力线引起的，称为切割电势。

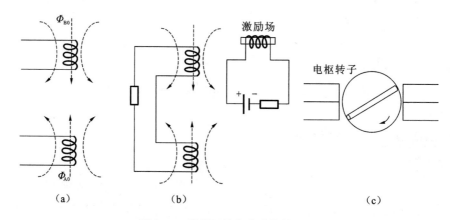

图 2-15 磁通压缩和电感补偿原理

(a)磁通冻结原理图；(b)CPA 物理原型；(c)CPA 原理图

如果在磁极中心位置与旋转线圈 B-B′ 反向串联一个匝数相同的静止的补偿线圈 A′-A，则此时 $e_{\mathrm{T}}\neq0$ 且 $e_{\mathrm{C}}\neq0$，这便是 CPA。由于 B-B′ 旋转切割磁极的磁场而产生 e_{C}，所以电流经过汇流环、电刷、负载和补偿绕组 A′-A，最后返回线圈 B-B′。这样，在线圈 B-B′ 内有流经 A′-A 电流所产生的磁通在变化，故 $e_{\mathrm{T}}\neq0$。当旋转角 $\theta=0$ 时，A′-A 和 B-B′ 两线圈面重合，由于两线圈电流反向和产生的磁通也反向，所以此时回路总电感降到最小值（典型的为最大值的 5%），使电流幅值最大，可使负载获得峰值功率。从磁场压缩角度看，由于两线圈磁通方向相反，在线圈 B-B′ 旋转中磁通被压缩到两线圈间的气隙中，使该处磁感应增大，能使线圈产生较高的感应电压，故能输出较大的电流。这个电流又进一步增强磁场，增强的磁场被再压缩，导致更高的电压，于是有更大的电流输出。这种"增殖"过程极快，电流呈指数级地上升至峰值。此后，由于 B-B′ 转过 A′-A，回路电感再次开始变大，磁场扩散开来，气隙磁感应变小，电流脉冲迅速下降，故脉冲后沿亦很陡。因为在脉冲输出期间转速只降低了百分之十几（<20%），所以在两脉冲期间拖动装置（如电动机）能使转速很快地回升到原来的额定值，因此 CPA 能连续输出脉冲。图 2-16 所示的为 CPA 输出特性。CPA 是一个机电装置，它巧妙地把旋转磁通压缩与常规交流发电机的能量转换相结合，实际上它是一个常规交流单相发电机串联可变电感器的装置，依靠使电路电感变至最小来输出电脉冲，因此，用他激励感负载不太适合，但它对电阻和电容负载特别适用，图 2-17 所示的为 CPA 励磁电阻负载等效电路。

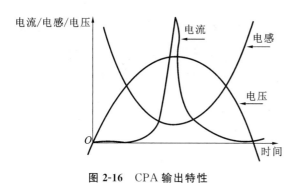

图 2-16　CPA 输出特性

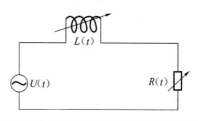

图 2-17　CPA 励磁电阻负载等效电路

2.4.2　补偿脉冲发电机基本原理

补偿脉冲发电机实质上为同步电机,其不同之处在于采用磁通压缩原理使得放电时电枢电感得以减小,从而实现高功率输出。补偿脉冲发电机根据补偿形式可分为四种类型:被动补偿 CPA、主动补偿 CPA、选择被动补偿 CPA 及无补偿 CPA。其中,前三种属于传统 CPA,需要使用补偿屏蔽筒或补偿绕组实现磁通压缩。随着空心 CPA 技术的发展,为简化设计、提高转速,一些 CPA 不再专门设计补偿结构,而是通过励磁绕组实现磁通压缩,同样可以起到降低电枢绕组电感的作用。

1. 传统补偿脉冲发电机原理

图 2-18 所示的为被动补偿 CPA 原理图。设 A 为单相电枢,B 为高导电率材料(如铝、铜及其合金)制成的补偿屏蔽筒,固套于电枢旁。空载运行时,电枢切割磁感线产生感应电压,其工作状态与同步电机相同;电枢放电时,瞬态磁场的剧烈变化使得补偿筒中感应出涡流,阻止磁场透过补偿筒,从而将磁通压缩到空间很小的气隙之中。这个过程导致电枢的瞬态电感大大减小,输出电流成倍增加。

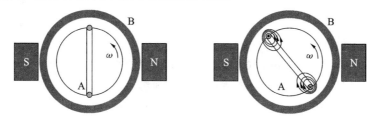

图 2-18　被动补偿 CPA 原理图

由于补偿筒的补偿效果不随转子位置变化而变化,放电过程中电枢瞬态电感为常值,输出电流近似为正弦波。

主动补偿 CPA 通过补偿绕组实现磁通压缩。如图 2-19 所示,补偿绕组与电枢绕组串联,其中一套绕组固定,一套绕组固联于转子。两绕组夹角为 0 时,两绕组电流方向相同,磁场方向一致,互感达到最大,电机等效电感也达到最大;夹角为 $\pi/2$ 时,两绕组的磁通不存在耦合,互感为 0;夹角为 π 时两绕组电流方向相反,磁通被压缩,此时电机等效电感也达到最小。可见,主动补偿 CPA 的内电感呈周期性变化,且变化周期与转动周期相同。

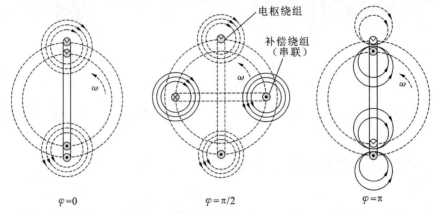

图 2-19　主动补偿 CPA 原理图

选择被动补偿 CPA(见图 2-20)同样采用补偿绕组,与主动补偿 CPA 的不同之处在于其补偿绕组是闭合的,不与电枢绕组连接。放电过程中,磁场的变化使得补偿绕组中产生感应电流,抵消电枢电流产生的磁通,从而减小电机瞬态电感。补偿绕组中的电流总是与电枢绕组方向相反的,易知被动补偿 CPA 电机内电感的变化周期为转动周期的 2 倍。

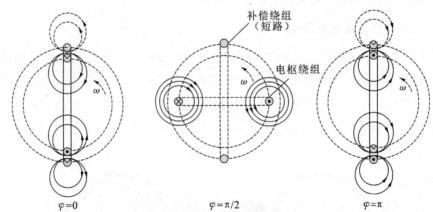

图 2-20　选择被动补偿 CPA 原理图

图 2-21 所示的为以上三种 CPA 电感变化与典型电流波形。

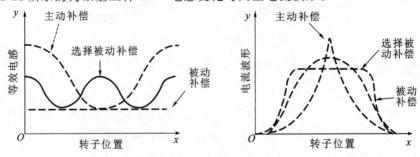

图 2-21　CPA 电感变化与典型电流波形

2. 无补偿脉冲发电机原理

无补偿 CPA(uncompulsator)是指不采用特定的补偿结构(补偿筒、补偿线圈等)的脉冲发电机,其实际补偿作用由短路的励磁绕组完成,因此也属于补偿脉冲电机。空心发电机更适合采用无补偿结构。

无补偿 CPA 工作原理如图 2-22 所示。通过外部励磁或自励磁等方式使得励磁电流的强度达到需求,而后将励磁绕组短路续流。在励磁电流激发的电磁场下,电枢中产生感应电动势,其方向可由楞次定律确定。感应电动势按正弦规律变化,周期等于转动周期。电枢放电时,电枢中电流方向与励磁电流反向,励磁绕组中产生额外的感应电流对反应磁场进行压缩,起到降低电感的作用。励磁绕组的补偿效果随转子位置发生周期性变化,变化周期等于转动周期。

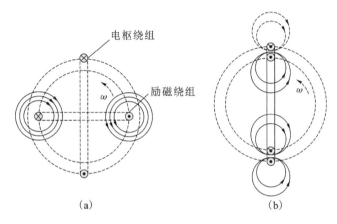

图 2-22　无补偿 CPA 工作原理

(a)无磁通耦合；(b)磁通压缩

2.4.3　脉冲发电机的工作过程

不同于传统同步发电机,空心脉冲发电机系统运行的基本步骤包括储能、自激、放电、能量回收。由于空心脉冲发电机采用不导磁的复合材料,建立磁场困难,因此采用自激方式建立磁场。以一台单相脉冲发电机为例,其简化电路如图 2-23 所示。

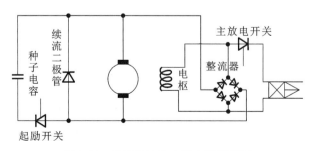

图 2-23　单相脉冲发电机电路原理图

1. 起动过程

原动机拖动脉冲发电机至额定转速,电机转子储存动能。

2. 自激过程

闭合起动开关,脉冲电容器向转子励磁绕组输入一个几千安的种子电流,产生初始旋转磁场,在定子电枢绕组中感应出反电势,并产生电枢电流,电枢电流经过外接的自激整流器流回励磁绕组。在电路参数满足一定的条件下,励磁电流逐渐增长,形成正反馈的自激过程,转子储存的机械能转化为磁场储能。由于空芯脉冲发电机不受磁饱和的影响,理论上励磁电流可以呈指数无限增长。

3. 放电过程

达到额定励磁电流时,停止自激整流器的触发信号,励磁绕组经续流二极管短路续流,继续提供旋转励磁磁场。根据负载需求在合适的相位触发主放电开关,电枢绕组向负载放电。

4. 能量回收

放电结束后,处于续流状态的励磁绕组中仍有电流,这部分磁场储能可通过续流或外接泄流电阻释放。励磁电流降为零后,一次放电结束,电机依靠惯性储能自由旋转,或通过原动机补充能量,待机等待下一次发射指令。

典型的励磁绕组电流波形如图 2-24 所示。不同过程发电机机械转速波形如图 2-25 所示。

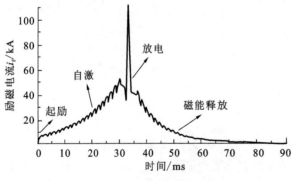

图 2-24　典型的励磁绕组电流波形

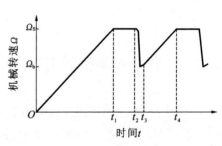

图 2-25　不同过程发电机机械转速波形

参 考 文 献

[1]章妙.金属化膜电容器自愈特性研究[D].武汉:华中科技大学,2012.

[2]陈耀红.高储能密度金属化膜电容器应用性能及其影响因素研究[D].武汉:华中科技

大学,2013.

[3]王鹏,吴广宁,罗杨,等.脉冲电容器绝缘老化和直流局部放电测试系统[J].仪器仪表学报,2012,33(06):1268-1274.

[4]严陆光.强脉冲储能电源的进展[J].电工电能新技术,1983(01):13-19.

[5]马开猛.储能电感充放电控制及应用[D].成都:电子科技大学,2008.

[6]王帅兵.基于超导储能电感的脉冲放电系统的研究[D].北京:北京理工大学,2016.

[7]侯炳林,朱学武.高温超导储能应用研究的新进展[J].低温与超导,2005(03):46-50,54.

[8]王艺新.超导储能混合磁体的失超保护系统研究[D].北京:北京交通大学,2010.

[9]李君.电流型超导储能变流器关键技术研究[D].杭州:浙江大学,2005.

[10]韩翀,李艳,余江,等.超导电力磁储能系统研究进展(一)——超导储能装置[J].电力系统自动化,2001(12):63-68.

[11]史云鹏.超导储能系统用变流器控制的研究[D].杭州:浙江大学,2006.

[12]牟树君.空心脉冲发电机励磁与控制系统的研究[D].武汉:华中科技大学,2009.

[13]陶雪峰.空心补偿脉冲发电机励磁与放电控制方法研究[D].长沙:国防科技大学,2017.

[14]郑科.永磁式被动补偿脉冲发电机研究[D].武汉:华中科技大学,2004.

[15]姚文凯,王莹.补偿式脉冲交流发电机[J].电工技术,1991(04):1-4.

[16]崔淑梅,吴绍朋.惯性储能交流脉冲发电机[M].北京:科学出版社,2015.

第 3 章

大功率脉冲开关技术

3.1　大功率脉冲开关基本概念

开关是指在一定方式下,基于具有一定电位的电路的一部分实现导体与绝缘体的相互迅速变换功能的电路元件。

脉冲功率系统中开关的作用为实现能量的转换(switch),即通过位于储能单元和负载之间开关的动作(断开或闭合),来实现能量转移。

为实现脉冲功率系统中开关的功能,开关应具有下列特性。

(1)开关阻抗的变化范围应尽可能大,如气体开关能在良好绝缘体至良导体之间变化,即 ΔZ 应尽可能大,理想开关的 $\Delta Z \to 0$。

(2)阻抗的变化速度尽可能快,即 $\Delta Z / \Delta t$ 应尽可能大,理想开关的 $\Delta Z / \Delta t \to \infty$。如果开关的阻抗 ΔZ 很大,且变化时间很长,也不能认为是一个高性能的开关。

基于以上的讨论,对于如图 3-1(a)所示的电路,在电容器充电完成后,开关 S 动作前后,理想开关的电阻和开关两端的电压变化如图 3-1(b)所示,开关的电阻在开关闭合瞬间由无穷大变为零,开关两端的电压瞬间由 V_0 变为零,对于实际开关,这个变化需要一定的时间 Δt,如图 3-1(b)虚线所示。Δt 称为开关的导通时间。

正如在开关定义中所指出的那样,开关的这种阻抗变化是在一定的方式下实现的。对闭合开关(closing switch)而言,一定的方式包括气体开关中气体的电离、半导体开关中载流子的注入或真空开关的开关间隙注入导电粒子等;对开断开关(opening switch)而言,一定的方式是指开关中载流子的转移、复合、扩散或束缚等。对脉冲功率开关的设计者而言,一定的方式意味着某种触发开关的技术手段。

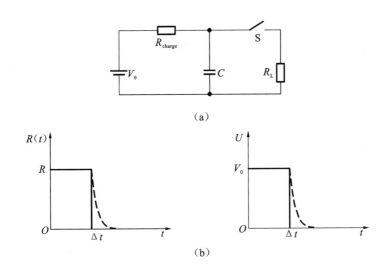

图 3-1　理想开关的电阻和开关两端的电压变化

(a)电容器充放电示意图；(b)开关的电阻和开关两端电压变化示意图

　　开关技术是脉冲功率技术中的重要内容。开关是脉冲功率装置的关键部件之一，其性能的好坏直接影响脉冲功率装置的性能。在脉冲功率装置中，开关首先起到隔离的作用，将充电回路和放电回路隔离开。如在大容量电容器组并联放电装置中，或在电感储能的脉冲功率装置中，都是靠开关来隔离充电回路和放电回路的，以保证充电顺利地进行和放电时获得高功率。在充电回路充电完毕以后，通过开关闭合，接通放电回路，保证电容器组储存的电能或电感线圈上储存的磁能，在很短的时间内向负载传输高功率。同时，开关在回路中还起着变换波形、陡化脉冲的作用。从事脉冲功率技术研究的科研人员认为：脉冲功率技术的任何进展，都是以成功地设计和研制各种各样的脉冲开关为前提的。

　　为什么不能在脉冲功率装置中使用电力系统常用的隔离刀闸、油断路器、真空开关等装置呢？这是因为在脉冲功率技术领域中使用的开关要能够传输高功率(如 TW 级)、具有快速动作时间和低分散性(10^{-9} s 级)。对这类开关的主要要求是：大电流，几百千安、几兆安或更大电流；高电压，几十千伏、数百千伏、几兆伏或更高电压；开关的闭合和断开的时延极短，如纳秒级，放电时延分散性小；开关电感和开关电阻小；开关动作频繁，特别是在重复频率运行时，要求开关能连续工作、寿命长。要同时符合以上要求，电力系统使用的开关是不能满足的。

　　近几十年，随着脉冲功率技术的快速发展，开关技术发展迅速、种类繁多。从开关的功能来分，可分为两大类：闭合开关和开断开关。闭合开关工作时是从断开到闭合状态，开断开关工作时是从闭合到断开状态。闭合开关有气体开关、固体开关、液体开关、半导体开关、等离子体开关等。气体开关由于结构简单、使用方便，应用最为广泛。如根据气体放电原理研制各种电火花间隙开关(spark gap switch)，常用的间隙有三电极间隙、场畸变间隙、多弧道间隙、激光间隙等。随着电感储能的研究和发展,开断开关的研究很活跃,接连出现了许多有创新性的物理构思和巧妙设计,如等离子体融蚀开关等,已被应用在脉冲功率装置中。随着高重复频率、长寿命的脉冲功率源的研究及磁开关的研究引起了大家的重视,新型半导体开关的研究近年来取得很大进展。闭合开关的控制方式有两种:一种是自放电方式,即开关两端电压增加到间隙距离的放电电压时,开关自动放电;另一种是靠触发脉冲控制放电的方式。触发脉冲电源有电脉冲触发源、电子束脉冲触发源、激光脉冲触发源等。常用的触发源是电脉冲触发源。

如果忽略一个开关元件的内部工作原理和特定的开关特性,仅仅把开关元件作为一个带有主电极端子和控制电极端子的黑盒子,而不考虑它是火花间隙还是固体开关等具体的开关形态,则可以用以下一组参数来描述这个黑盒子的特性。

静态自击穿电压 U_s:在没有任何触发手段的情况下,开关间隙所能承受的最高电压。

最大工作电压:为了获得可靠运行,开关主电极的最大工作电压,约为静态自击穿电压的 80%。

最小工作电压:开关可靠运行的最小工作电压,约为最大工作电压的 1/3。

最小触发电压 U_t:能保证开关主间隙可靠导通所加的触发电压不得低于此电压。

工作范围:开关最大与最小工作电压之间的范围。

导通时延 t_d:从触发电压加到触发电极瞬间起到开关完全导通的时间。

导通时延的分散性:在相同条件下 t_d 的变化程度(标准差),也称为开关抖动。

峰值电流:开关设计者规定的开关允许通过的最大额定电流,超过峰值电流,将会危及开关正常功能。

恢复时间:开关脉冲电流结束到开关绝缘恢复的时间。

寿命:开关运行的总次数。

重复频率(对重复频率脉冲功率技术开关而言):开关 1 s 内能够可靠地闭合(或关断)而性能不下降的次数。

正向压降:开关在导通情况下的电压。

导通电流的上升速率(di/dt):在保证开关不被毁坏的条件下,开关允许通过电流的上升速率。

恢复电压的上升速率(du/dt):开关导通后不会引起开关再次动作的外加电压的上升速率。

3.1.1 闭合开关

闭合开关,又称为短路开关,因能把原来断开的电路接通而得名。在脉冲功率技术中使用的短路开关均为高电压、大电流的大功率开关。在开关两电极间所加的脉冲电压常高达几十千伏到几兆伏,通过的电流大至几十千安到几兆安,功率(容量)多在 10^9 W 以上。

闭合开关必须具备两个主电极,有时还配有各种形式的触发电极。短路开关具有以下诸多功能。

1. 短路转换功能

事先闭合开关两主电极的间隙及其间的电介质使整个电路或部分电路断路;当两主电极间的高电压达到击穿场强阈值而自击穿或用触发电极电压改变场强而触发击穿时,开关就会击穿放电而闭合,使电路短路导通;使电路从原来断路状态转变为短路状态。

2. 隔离功能

显然,若开关事先短路(或无开关而是一段导体),则外加的电压脉冲波将不受阻隔地使电流顺利通过导体而到达负载;若在此处设置一个有两主电极分开的开关,则电压加在两主电极间;若电压击不穿其间的绝缘电介质,则负载仍不能获得电磁能量,此时该短路开关起隔离作用。又如,在电感储能技术中开始向电感器充电时,断路开关处于起始的闭合状态,而此时电路中的短路开关要处于起始的断开状态,以便在向电感充电时把负载隔离开。

3. 陡化脉冲前沿和整形

由于开关存在导通时延,必将会把输入的高电压脉冲 U 前沿时间 t_{r1} 缩短或变窄至 t_{r2},因而起到将脉冲整形后再输出的作用,如图 3-2 所示。

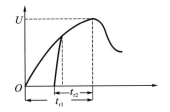

图 3-2　闭合开关的陡化和整形作用

大功率短路开关在脉冲功率技术中有着极其重要的作用,不仅在电容储能的脉冲形成网络中被广泛应用,而且在其他的储能高功率脉冲电源中也被广泛采用。脉冲功率技术对闭合开关的要求是:希望开关结构紧凑,开关电感小;开关导通时延短而且分散性小;工作性能稳定而且寿命长;工作噪声小、不污染环境,且易于维修等。

在脉冲功率技术中,常用的闭合开关有高压闸流管、放电管、放电间隙开关等;前两类虽然具有放电时间短和重复频率高的特性且在市场上有成品出售;但它们的工作电压一般不太高,功率也不大。而放电间隙开关耐压高和能通过大电流,即大功率或大容量,还具有击穿时延和分散性小等特点;因此在现代脉冲功率技术领域主要应用这类放电间隙作为闭合开关。

放电间隙开关是借助于封闭空间内开关主电极之间的放电来导通的,按导通机理和模式可分为被动开关和主动开关两类。若放电主间隙上的电压达到一定阈值后就产生放电的自击穿开关,称为被动开关或自击穿开关;而在开关主电极间加电压后在某时刻用某种方法外触发使主电极放电的开关称为主动开关或触发开关。脉冲功率要求被动开关击穿电压要稳定,即电极间击穿电压的分散性要小,亦即放电的统计时延要小;脉冲功率要求主动开关的触发击穿时刻要准确无误或分散性小,即开关放电形成的时延也要小。相对而言,在结构、电击穿机制和放电物理特性诸方面,被动开关异常简单,仅由两个球状、半球状或板状电极其间充满电介质(可以充高压气体,也可以充真空或低压气体)而成;主动(或触发)开关要比被动(自击穿)开关复杂得多。因此,若将主动开关性质进行充分研究,则被动开关的问题即迎刃而解。因此本章主要讨论和分析主动(触发)开关。

闭合开关按其物理、结构、所用电介质和触发方式,可被分成许多种类,诸如电触发的和射线触发的;真空、气体、液体和固体的;双电极或多电极的;单次的或重复频率的;电控或磁控的等。脉冲功率未来发展方向之一是向高重复频率大功率方向发展,这给开关提出两个发展方向——大容量和高重复频率工作。

3.1.2 断路开关

所谓断路开关,是借助阻抗急剧增大而迫使电流换路(断开)的装置。它在低阻抗状态下传导电流,直到命令触发器将其转换为高阻抗状态,而不传导电流。断路开关是感应存储系统的关键部件,在脉冲压缩和配电系统中也有应用。因为存储的能量密度比电容器中存储的能量大几个数量级,感应存储系统非常有吸引力。然而,电感储能电路的固有特性导致开断开关耗散电路总能量的很大部分,因此,断路开关始终是在使用断路开关的储能电路时的考虑重点。感应能量存储的潜力将能够实现更小、成本更低的脉冲功率系统,特别是在需要非常高的能量密度的应用场合。感应能量系统能够在纳秒级内产生数百万伏电压和数百万安电流,潜在的应用包括电磁发射技术、强辐射源、动态材料效应、惯性约束聚变研究,以及许多需要小型脉冲电源的应用领域。

无论在何种应用场合和采用何种断开机制,对断路开关的综合要求是:开关应具有长的寿命;传导电流的时间较长和传导电流的电流值大(几千安到几兆安);开关损耗应尽可能低;断开电阻要快速上升到最大值;能承受高的恢复电压(千伏至兆伏级);有时要求快速复原,还能以高重复频率($1 \sim 3 \times 10^4$ Hz)工作。遗憾的是,迄今还没有一种开关能同时满足上述全部要求,所以选用断路开关时,应根据自己的要求对照开关主要性能来选取,当然做模拟试验和计算也是需要的。断路开关的性能显著地影响负载工作,精心选用开关对整个装置效能的提高甚为有益。表 3-1 所示的为几种电磁发射应用场合对断路开关的要求。

表 3-1　几种电磁发射应用场合对断路开关的要求

参量	应用		
	定向能武器	惯性约束聚变	电磁发射器(电磁跑)
断路电压	$0.1 \sim 1$ MV	3 MV	$5 \sim 20$ kV
脉冲重复频率	$5 \times 10^3 \sim 5 \times 10^4$ Hz	10 脉冲/秒(Hz)	$100 \sim 500$ 脉冲/秒(Hz)
峰值电压	$10 \sim 100$ kA	100 kA	$1 \sim 5$ MA
寿命	$10^6 \sim 10^8$ 次	10^9 次	$10^6 \sim 10^8$ 次
传导时间	微秒级	小于微秒级	小于毫秒级

断路开关的研究内容和方向有:传导时间与转换时间的比,闭合电压与断路电压的比,介质电强度的恢复速率,开关工作的能源,对能量吸收和损耗的能力,开关的体积、成本和复杂性,可控性和重复频率,开关工艺等。

还应当指出,有些开关既可用作短路(闭合)开关,又可用作断路开关。具有双功能的开关诸如触发真空开关(TVS),因为对它可用磁控技术改变电弧的阻抗,控制电弧存在的时间,达到断路目的。

3.2　气体火花放电开关

气体火花放电开关是指间隙气压在 100 kPa 或以上的开关(在常压下或超过常压)。火花开关具有工作电压高、通流能力强、传递电荷量大的优点,但是工作重复频率较低。火花开关击穿的机理是流注理论。

气体火花放电开关是高功率脉冲技术中应用最为广泛的开关之一,和其他类型开关相比,气体火花放电开关结构简单、运行方便(不需要其他特殊条件)、工作范围宽广:电流从数十安到几百千安,电压从几千伏到几兆伏。气体火花放电开关有多种结构形式,图 3-3 所示的为应用最广泛的气体火花放电开关三种典型结构模型:图 3-3(a)所示的为触发管型火花间隙开关的结构模型;图 3-3(b)和图 3-3(c)所示的为两种电场畸变火花开关的结构模型。三种开关均可做成充气式高气压开关或常压下的开关。电场畸变火花开关触发电极的电位根据不同需要自行选择。图 3-3 中,A、B 为主电极,D 为触发电极,C 为绝缘支撑结构。在图 3-3(a)中触发电极放入主电极 B 内绝缘管 E 中,绝缘管 E 的作用是使触发电极 D 与主电极 B 电隔离。根据设计要求触发电极位于电场中某一等位(势)面上。绝缘支撑结构 C 是密封的放电室,两端支撑着主电极 A 和 B,内部可充入一定气压的绝缘介质,如气体 SF_6、N_2 或 SF_6 和 N_2 的混合气体等。下面重点介绍几种气体火花间隙开关的特性及应用。

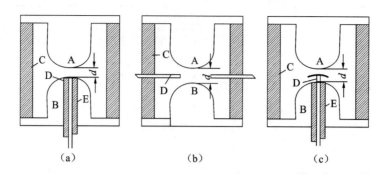

图 3-3 气体火花放电开关三种典型结构模型

(a)触发管型火花间隙开关结构模型;(b)一种电场畸变火花开关的结构模型;(c)另一种电场畸变火花开关的结构模型

3.2.1 触发管型火花间隙开关

触发管型火花间隙开关是应用比较广泛且结构简单的一种开关,其工作原理是过电压击穿,开关结构如图 3-3(a)所示。图 3-4 所示的为触发管型火花间隙开关工作原理图。在电容器 C_1 充上一定的电压 U_1 后,触发装置 Z_F 发出一个高压触发脉冲,此脉冲通过电缆 L 加到触发电极 Z 上,在间隙之间产生火花,进而引起高压电极 G_1 和低压电极(接地极)G_0 之间击穿而接通电路,电容 C_1 向负载 Z_L 放电。

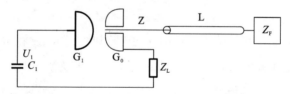

图 3-4 触发管型火花间隙开关工作原理图

触发管型火花间隙开关的击穿过程可以分为两种:一种为短时间击穿过程;另一种为长时间击穿过程。

1. 短时间击穿过程

短时间击穿过程如图 3-5 所示,在电容器 C_1 上充上正电压 U_1 后,此时 G_1 对地为 $+U_1$,G_0 通过负载接地处于零电位。G_1 与 Z 和 G_0 之间的极间距离为 l_1,触发电极 Z 通过触发回路接地,也处于零电位。G_0 与 Z 之间的极间距离为 l_2。这时在 G_1 与 Z 之间以及 G_1 与 G_0 之间的电位差均为 $+U_1$,G_0 与 Z 之间的电位差为零。它们之间的平均电场强度分别为:G_1 与 Z 之间为 $E_1 = U_1/l_1$;C_1 与 G_0 之间为 $E_2 = U_1/l_1$;G_0 与 Z 之间为 $E_3 = 0/l_2 = 0$。当触发装置 Z_F 给出峰值很高、上升陡度很大的负脉冲 $-U_Z$ 加到 Z 上时,使原来各点之间的电位差和电场强度发生了变化。G_1 与 Z 之间由原来 $+U_1$ 的电位差上升为

$(+U_1)-(-U_z)=U_1+U_z$，电场强度上升为 $E_1'=(U_1+U_z)/l_1$，而 G_1 与 G_0 之间的电位差和电场强度没有变化。G_0 与 Z 之间的电位差由零上升为 $0-(-U_z)=U_z$，电场强度为 $E_3'=(+U_z)/l_2$。这时 E_1' 比 E_3' 大很多，则 G_1 与 Z 之间首先被击穿。此时 G_1 上原来 $+U_1$ 的电位则加到了 Z 上，使 Z 上的电位突然由 $-U_z$ 变为 $+U_1$，则 Z 与 G_0 之间的电压为 $U_1-0=U_1$，电场强度为 U_1/l_1。

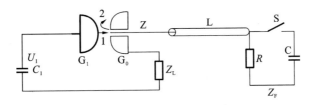

图 3-5　短时间击穿过程

C_1—主电容器；G_1、G_0—主电极；Z—触发电极；

Z_F—触发装置；L—触发信号传输电缆；Z_L—负载

只要它大于原来 Z 与 G_0 间的击穿电场，Z 与 G_0 也很快被击穿。至此，间隙全部导通。这样的击穿过程称为短时间击穿过程。第一次发生局部击穿是在极间距离较大的 G_1 与 Z 之间，然后才使 G_0 与 G_1 被击穿，$l_1 \gg l_2$ 在 G_1 与 Z 被击穿以后，G_0 与 G_1（或与 Z）就很容易被击穿了。这个击穿过程与长时间击穿过程相比，时间是很短的，一般在十到几十纳秒之间，而且放电比较稳定、工作范围宽。

2. 长时间击穿过程

长时间击穿过程如图 3-6 所示，当电容器 C_1 上充上正电压 U_1 时，一个正触发脉冲 U_z 加到 Z 上，G_1 与 Z 之间的电位差由原来的 $+U_1$ 下降为 (U_1-U_z)，G_1 与 G_0 之间的电位差不变，G_0 与 Z 之间的电位差由原来为零变为 U_z。各点之间的电场强度分别为：G_1 与 Z 之间为 $E_1'=(U_1-U_z)/l_1$；G_1 与 G_0 之间仍为 $E_2'=E_2=U_1/l_1$。G_0 与 Z 之间由原来的零上升为 $E_3'=U_z/l_2$。间隙在直流电压作用下，G_1 与 G_0 之间的静态击穿场强为 E_{st1}，G_0 与 Z 之间的静态击穿场强是 E_{st2}。在未加触发脉冲之前，不希望间隙自击穿，这就要求间隙之间的电场强度低于静态击穿场强。当触发电极上加一个正脉冲时，使原来为 E_1 的场强下降为 E_1'，则更不易使 G_1 与 Z 之间被击穿；而 G_1 与 G_0 之间的电场强度没有变化，也不能被击穿。在 G_0 与 Z 之间，电场强度由原来的零上升为 E_3'，如果此场强大于 G_0 与 Z 之间的击穿场强 E_{st2}，则 G_0 与 Z 首先发生第一次局部击穿。此时，触发电极 Z 上的电位由 $+U_z$ 下降为零，使 G_1 与 Z 之间的电场强度又上升为 E_1，同时在击穿过程中将产生很强的电火花，造成火花附近的气体电离，使间隙全部被击穿，即接通放电回路。这样一个击穿的过程称为长时间击穿过程。长时间击穿过程比短时间击穿过程慢得多，为微秒级。因为第一次局部放电是发生在极间距离很短的 G_0 与 Z 之间，而第二次主通道击穿是靠第一次击穿时电火花所造成的气体电离来实现的，极间电场强度并不很高，击穿的过程仍然很长，一般在几微秒。这种放电不稳定，开关放电时延分散性大。

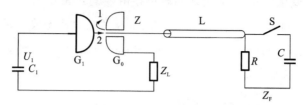

图 3-6　长时间击穿过程

短时间击穿的三电极间隙，设计时要考虑保证第一次击穿发生在 Z 与 G_1 之间的电极通道，电场强度要高于 Z 与 G_0 之间的电场强度。另外，因为间隙内放电发展有一定的时间，从通道击穿开始到导通良好的击穿通道建立，要经历一段时间，这个时间一般为 10 ns 左右。这种间隙的击穿特性与工作电压极性的选择和触发脉冲电压极性有很大关系。开关主电极 G_1 的电位为 U_1，由电容器充电电压决定，可正可负。触发电极 Z 的触发脉冲 U_Z 与 U_1 同极性时，间隙的触发特性不好，放电时延分散性特别大，而且很不稳定，实用时一般不选用此种极性配合。U_1 为负，U_Z 为正时触发特性最好。这可以解释如下：此时为正尖负板的情况，间隙的击穿电压变低，工作范围大。当开关间隙充入高气压时，开关放电时延可达 10^{-9} s。

3.2.2　电场畸变火花开关

三电极放电间隙开关还有另一种常用的形式，为电场畸变火花间隙开关，其原理示意图如图 3-7 所示，1、3 为主电极，2 为触发电极，触发电极 2 在间隙中的电位用电阻 R_1、R_2 来控制，使电极 2 的电位按电极 1、2 间的距离和电极 3、2 间的距离来分配。

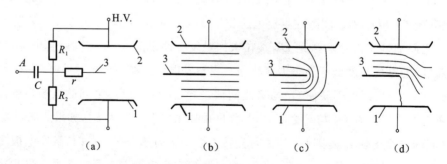

　(a)　　　　　　　(b)　　　　　　　(c)　　　　　　　(d)

图 3-7　三电极电场畸变火花间隙开关原理示意图

(a)触发脉冲加到点 A 以前的电路图；(b)电极 1、2、3 间的电位分布 1；
(c)电极 1、2、3 的电位分布 2；(d)电极 1、2、3 的电位分布 3

图 3-7(a)所示的为触发脉冲加到点 A 以前的电路图。此间，电极 1、2、3 间的电位分布如图 3-7(b)所示。因为电极 2 的尺寸小，又处于电极 1、3 间电场中某一等位线位置，

所以可以认为电极 1、3 间的电位分布没有因为电极 2 而改变。当触发脉冲加到点 A 时，并经耦合电容 C 而加在电极 2 上之后，电极 2 不再处于原来的电位，因而使电极 1、2、3 间的电位分布发生变化，此时的电位分布如图 3-7(c)所示。由图 3-7(c)可见，电极 1、2 之间的电场加强了，而电极 3、2 间的电场减弱了，所以，电极 1、2 间将发生放电。电极 1、2 的放电称为第一级击穿。在第一级击穿后，电极 1、2 由放电通道连接在一起，使电极 1、2 的电位相等，这时，原来加在电极 1、3 间的电压就加到电极 3、2 间了，所以电极 3、2 间的电场加强，此时电极 3、2 间的电位分布如图 3-7(d)所示，电极 3、2 间发生放电（称为第二级击穿）。至此，三电极电场畸变火花间隙开关导通。

3.3　触发真空开关

这里介绍的触发真空开关(TVS)，工作气压在 10^{-4} Pa 以下，是带有触发电极的真空开关，与只有两个电极的真空断路器与接触器不同，它是真空间隙与触发火花间隙技术相结合的产物。自 20 世纪 60 年代在美国出现后，随着真空封接技术和电极材料冶炼技术的日臻完善，以及脉冲功率技术迅速发展对开关提出的要求，经过几十年的努力，无论在性能上还是应用方面 TVS 都取得了显著的进展。而且，像闸流管、引燃管等开关一样形成了一种独立的电真空器件产品。几十年来的研究及推广应用实践表明：与可控硅、引燃管、火花间隙相比，这种脉冲开关确有其独特的优点，而且可以在许多脉冲功率装置中发挥作用。

3.3.1　基本组成及工作原理

TVS 的工作原理可用图 3-8 所示的平面电极型 TVS 来说明。结构上它与一般触发火花间隙相似，都是三电极系统。不同的是电极所处的环境各异。TVS 处于高真空（10^{-4} Pa 以下），而火花间隙处于大气或一定的气压下。其主要组成部分包括阳极、阴极、装在阴极上的触发电极、屏蔽套及绝缘外壳等。目前电极的材料大都采用真空冶炼的去气铜，也有用不锈钢或铜钨合金的。由于没有接触问题，TVS 对电极材料的要求比真空断路器的低；屏蔽套的作用是静电屏蔽和保护绝缘外壳不受电弧的直接作用和金属蒸气的沉积污染；绝缘外壳确保阳极及阴极的耐压要求和维持管内的真空。绝缘外壳材料有玻璃和陶瓷两种。前者外形变化容易，可以从中看到管内工作情况；后者绝缘性能及机械强度较好，但造价高一些。

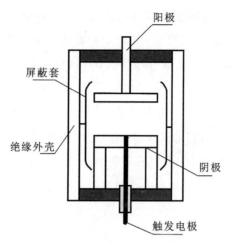

图 3-8　平面电极型 TVS 的典型结构

触发电极是 TVS 中最关键的部件。不同的触发方式、触发结构、触发电路及触发能量对开关管的导通性能(延时、抖动)和寿命有重大影响。曾经试用过的触发方式有三种：①电火花触发(等离子体触发)；②电子束触发；③激光束触发。

电火花触发又包括沿面放电火花触发(沿绝缘物体表面、半导体材料表面、金属氢化或氧化物表面和金属膜表面)和间隙击穿火花触发。前者要求的触发电压低(千伏级)，容易实现，也比较稳定；后者要求的触发电压高(几十千伏)，不稳定，但延时及抖动小。电子束及激光束触发适用于要求动作极为迅速、触发系统与主电路不能有电气联系的特殊应用场合。目前在开关产品中多用第①种触发方式。

开关的工作过程一般可分为触发及导通两个阶段。细分又可包括触发、导通、熄灭、恢复四个过程。

1. 触发过程

为高强度绝缘的真空主电极间隙的击穿提供介质——带电粒子(等离子体)。

2. 导通过程

主间隙在击穿后的导通是靠能量在电极表面的集聚引起材料的蒸发(金属蒸气)和电离来维持(靠电弧来维持)。此处不是一般的气体电弧而是金属蒸气电弧。

3. 熄灭过程

一般来说，开关的截止(电弧的熄灭)是依赖主电路电流的自然过零或振荡过零来实现的。随着主电流的下降，金属等离子体的再生速率下降，当主电流降到零，输入功率降到零，等离子体的再生速率小于其总复合速率时，电弧熄灭，开关进入截止状态；但是，当主电路放电的振荡频率很高(兆周以上)，使极间等离子体的再生速率大于其总的复合率时，即使电流过量，开关管也不进入截止状态。直到放电能量耗尽，导通状态才结束。

4. 恢复过程

在电弧熄灭过程中,如果电极间隙中的介电强度在外加电压到来之前达到足够大,加电压后不足以出现击穿,则认为开关已经恢复到原始状态。对这种开关来说,其恢复速率可高达 $10\sim24$ kV/μs。

3.3.2 主要类型

同其他开关一样,TVS 经过多年的研究和发展,为了适应各种脉冲功率装置应用的要求,也产生了多种类型。对于采用电火花触发的 TVS,如果按照电极结构形式分,主要有下列四种。

1. 平面电极型 TVS

图 3-8 所示的为平面电极型 TVS 的典型结构,也是目前应用比较普遍的一种,其特点是结构简单。

2. 同轴电极型 TVS

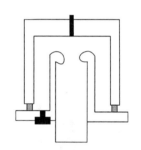

如图 3-9 所示,这是 20 世纪 70 年代美国通用电气公司的 J. A. Rich 为了扩大开关的通流能力、减小电极的融蚀以及提高出现阳极斑点门限电流而提出的结构形式。Rich 的试验结果表明:在这种同轴结构中,当电流升至近 60 kA 时,未发现电极有熔化现象。若外边加上磁场线圈,使中心磁场达 400 Gs,加速电弧的运动,使电流升到近 80 kA,也未发现熔化现象。

图 3-9 同轴电极型 TVS

3. 杆排电极型 TVS

这是 20 世纪 80 年代通用电气公司及 MIT 的研究人员,为了适应直流输电的开断以及电磁发射器大电流(兆安级)可重复运行的开关要求提出的结构。在该结构中,杆状电极分布在一个圆周上,以相等的间距、交替和重叠地固定到阳极及阴极板上。杆状电极有二杆、三杆甚至四杆的电极。触发电极装在中心同轴电极上。电弧在金属杆的圆周方向上燃烧。图 3-10 所示的为杆排电极型 TVS 的俯视图。

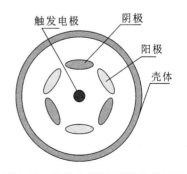

图 3-10 杆排电极型 TVS 的俯视图

这种结构虽然比较复杂,但由于增加了电极数目,增多了电流通道和导通面积,大大增加了开关的通流能力,早期试验样管达到的参数是:峰值电流 240 kA,交流半波,弧压约为 70 V,未发现杆电极有任何熔化的痕迹。最好的杆排电极型 TVS,在功率 20 GW,峰值电流 150 kA 的交流下实现成功的开断。在 150 μs 内恢复电压达 135 kV。他们认为:这种结构的极限电流还不清楚,导通兆安级电流是很有希望的,除作导通开关外,通过加轴向磁场构成断路开关,它能解决目前电感储能的电磁发射器中可重复运行断路开关的问题。

4. 圆筒(空心)阳极型 TVS

纽约州立大学的研究人员一直称这种结构为真空电弧开关(VAS),或金属等离子体电弧开关(MPAS)。他们对此进行了广泛的研究,发展了几种具有不同特性的开关形式。图 3-11 所示的为其典型结构的示意图。这一类型的 TVS,最大的特点是通过阳极结构的变化或加入轴向磁场,使电弧运动、拉长,改变电弧电压(从几十伏到几千伏),达到控制导通电流的目的。它可构成一个真正功率可控的开关。这是可控硅、火花间隙开关、引燃管及平面电极型 TVS 难以做到的。如果从上方再加入一个电极,还可把能量从一个回路转移到另一个回路(负载)上去。

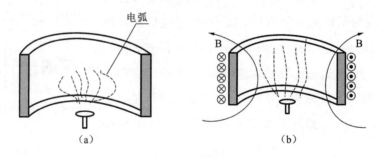

图 3-11   圆筒阳极型 TVS

(a)无磁场;(b)加轴向磁场

3.3.3   特点和性能

"真空"是一种具有最佳绝缘性能的"介质"(环境)。由于 TVS 的电极间隙处于高真空环境下,再加上磁场和结构的变化,使它具有许多独有的特点。

(1)承受电压高(100 kV/cm,耐压已达 250 kV)。

(2)工作电压范围宽(50 V~100 kV)。

(3)主间隙介电强度恢复迅速(达 10~20 kV/μs)。

(4)不受工作环境压力和温度的影响,可在辐射环境下工作。

(5)结构工艺比闸流管简单,无须提供灯丝加热;和引燃管相比,由于不存在有毒的液体水银,它的制作、使用和维护简单方便得多,费用也低;与火花间隙相比,它工作无噪声,无须特殊的维护(通气体)、检修。

(6)动作迅速准确(对于电火花触发,最小时延可达 0.5～1 μs;抖动 100～500 ns),既可作为闭合开关,也可作为断路开关或者电流可控的开关;既可单个应用,也可串联、并联组合应用。

表 3-2 所示的为几种脉冲功率开关的主要性能,该表中的参数大体上反映了 TVS 目前的水平。

表 3-2　几种脉冲功率开关的主要性能

开关类型		导通状态				断开方法		断开时间	最大电流 I_m/kA	最高电压 U_m	库仑/次
		导通时间	导通压降	是否可控	控制方法	强迫电流过零	自然过零				
晶体管		1 μs	决定于偏压	可控	基极电流	√		1 μs	2	800 V	20
可控硅		1 μs	≈10 V/1000 A	否	—	—	√	5～10 μs	20	2～4 kV	160
火花间隙		0.1 μs	30～100 V	否	—	—	√	500 μs	100	100 kV	100
闸流管		10 μs	≈100 V	否	—	—	√	1 μs	40	100 kV	
引燃管		0.5 μs	≈30 V	否	—	—	√	10 ms	600	25 kV	1500
触发真空开关	平面电极型	0.2～1 μs	≈20～30 V	否	—	—	√	10 μs	80～100	100 kV	100 1000
	圆筒阳极型	0.2～1 μs	30 V～1 kV	可控	加磁场	√	√	—	—	—	—

3.4　赝火花开关

赝火花开关在低压(气压为 1～80 Pa)下工作,像闸流管一样,但结构要简单得多,并且不会受到电极融蚀的影响。赝火花开关工作在帕邢(Paschen)曲线最低点的左侧,此时电子的平均自由程可与电极间隙距离相比更长,其结构图如图 3-12 所示,和一般的平行电极不同,电极由两个在中心开有小孔(直径为 3～5 mm)的圆柱形空心电极构成,两个电极中间以环形绝缘子支撑,电极间距为 3～5 mm,整个装置充以 H_2、He 或者干燥空气。

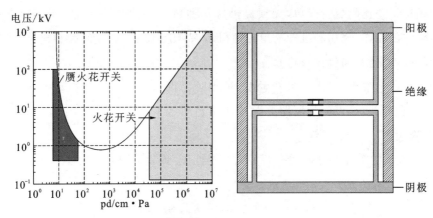

图 3-12 赝火花开关巴申曲线和结构图

赝火花开关放电过程如图 3-13 所示,大致分四个阶段:汤生放电阶段、空心阴极阶段、超发射(或大电流阶段)和电弧阶段、介质恢复阶段。在汤生放电阶段,此时由于电子的平均自由程较长,故放电沿着极间最长路径发生。电极结构形成的电场分布特点使得电子在阴极内走过的路程变长,增加孔内的电离,同时电离产生的电子在轴向电场作用下很快被引出,在奔向阳极过程中电离产生大量的正离子,正离子向阴极孔运动,由于电子的扩散速率大于离子的扩散速率,结果在阴极孔内形成正离子积累产生的强烈正空间电荷区,形成所谓虚阳极,在阴极之间形成强电场区域,使电离增加,同时正离子轰击阴极内表面,产生二次电子发射,使电流急剧上升形成所谓超发射阶段,出现径向电流分量。随着电位的增大,在阴极孔附近的中心区出现密集辉光放电,电流可达 1 kA 左右。其后的放电过程转入超发射阶段,此时电子的发射从空心阴极中等离子体转为阴极表面的场致发射,电流可达 100 kA 左右。

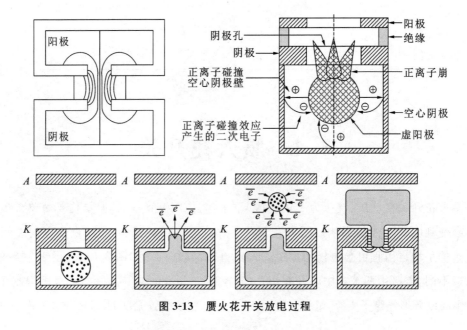

图 3-13 赝火花开关放电过程

赝火花开关的触发方式分为电触发和光触发两大类。电触发系统包括触发单元和脉冲发生电路两个部分。对触发单元的要求是：结构简单、寿命长、重复频率高，且对气压不敏感。触发单元的种类较多，有沿面闪络触发、辉光放电触发、脉冲电晕触发、铁电体触发等。光触发是用光源照射在间隙中产生等离子体，从而诱发主放电使开关导通的过程。光触发具有下列优点：第一，因为用光触发，所以能进行与主电极电位无关的远距离控制，不会由于电的干扰而产生误动作，可靠性高；第二，开关的起动时延小，可以达到 10 ns 以下，因此开关动作时间的分散性小，能高速控制；第三，动作电压范围广，从几伏到几万伏都可使用；第四，构造简单，寿命长。前述的触发放电器因触发针的寿命限制了开关的寿命，而由光照射所引起的电极消耗是极小的，不受触发系统的寿命限制。

赝火花开关与其他放电间隙开关（如真空开关、闸流管）相比，开关的通流能力、电流上升率、重复频率、寿命、触发和抖动都有了较大改善。但现有的赝火花开关耐受电压还比较低，需要研究提高赝火花开关耐受电压的措施。考虑到长期工作下开关耐受电压的降低现象，单间隙赝火花放电开关的工作电压范围在 30 kV 左右，主要有以下两方面的原因：一是由于赝火花放电开关位于 Paschen 曲线最低点的左侧，在此区域击穿电压越高，气压越低，气体载流子数目也相应降低，因此会降低开关放电电流的上升陡度；二是赝火花放电开关位于 Paschen 曲线最低点的左侧曲线变化较陡，气压在 1～100 Pa 内的变化会导致击穿电压有较大的变化，加之开关在长期的高电压大电流工作条件下，开关电极融蚀，引起电极表面粗糙度的增加和电极孔径的变化，同时电极材料形成的金属蒸气凝结在外绝缘材料的表面，产生沿面放电，也使得击穿电压无法保持开始时的最高值。实验证明赝火花开关的重复频率可达 5 kHz。

3.5　半导体固体开关

功率半导体器件是半导体技术在电力和动力控制领域发展起来的，主要优点是具有高电压和大电流下的长期工作能力。现在，功率半导体在高压直流输电、机车、汽车和普通家电得到较为广泛的应用。但应该说绝大多数的功率半导体器件不是专门为脉冲功率应用而开发和生产的。脉冲功率技术利用现有的功率半导体器件，在很多情况下，需要通过在控制技术和电路方法等方面的适当措施，使之满足脉冲功率工作环境的要求，进而替换或取代传统的开关器件。在脉冲功率应用中，半导体开关取代传统开关器件的趋势越来越明显。推动这个发展趋势的主要原因包括两个方面：一是功率半导体技术的快速发展使它的功率容量得到迅速提高，已逐渐接近脉冲功率领域所要求的参数水平；另一个方面是近年脉冲功率的工业应用促进了脉冲功率源的小型化和高重复频率化，与此同时,对寿命和稳定性的要求也迫使一些传统开关器件被逐渐淘汰。经过多年的发展,功率半导体器件的种类已经有很多,但无论是哪一种器件,它们作为脉冲功率开关的工作原理基本相同。当半导体中的载流子数量足够多时,器件处于导通状态;而当半导体中的电流通道被耗尽层截断时,器件处于断开状态。不同器件采用不同的方法控制半导体中的载流子分布,因而在耐压、通流和开关速度等方面存在较大差异。

3.5.1 固体开关的发展概况

固体半导体开关器件包括晶闸管(thyristor)、门极关断晶闸管(gate turn-off thyristor,GTO)、电力双极型晶体管(giant transistor,GTR)、金属-氧化物-半导体场效应晶体管(metal-oxide-semiconductor field effect transistor,MOSFET)和绝缘栅双极型晶体管(insulated gate bipolar transistor,IGBT)等。

1. 晶闸管

晶闸管是出现最早的功率开关,具有耐高功率、价格低和技术成熟等特点,但是晶闸管能控制器件开通但不能控制器件关断,而且开关频率低,属于半控型器件。

2. 门极关断晶闸管

在晶闸管的基础上改进,出现了GTO,GTO一定程度上解决了晶闸管的不足之处,在市场产品应用中GTO逐渐代替了晶闸管,但是GTO属于电流驱动的器件,并且电流增益较小,开关频率低,驱动电路复杂,不利于在高压大功率高频的产品中使用。

3. 金属-氧化物-半导体场效应晶体管

在20世纪70年代出现了MOSFET,MOSFET属于电压驱动器件,具有驱动电路简单、开关频率高、输入阻抗高、外围电路简单等优点,但是其电压和电流容量较小,所以MOSFET常用于低压高频设备,不能使用到高压大功率设备当中。

4. 绝缘栅双极型晶体管

在20世纪80年代末,出现了IGBT,IGBT是一种把MOSFET和BJT相结合的复合型器件,不仅具有MOSFET的开关频率高、驱动功率小的特点,而且具有BJT高耐压、通态压降小、通流能力强的特点。

thyristor开通后不能通过控制栅极进行关断,只能自然关断,不适合用在高压脉冲电源中;GTO和IGBT虽然驱动简单、功率容量大,但是其开关频率较低,上升沿不够陡峭;BJT和GTR驱动电路复杂,MOSFET的开关频率高,高频性能好,驱动简单,但是MOSFET功率容量较低,不能在高压脉冲电源中应用。图3-14所示的为常规半导体器件频率与功率的关系,从图中可以看出,常用开关器件的频率和功率成反比,功率越高,开关频率越低。

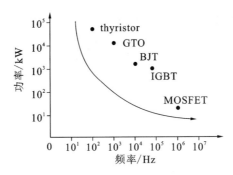

图 3-14　常规半导体器件频率与功率的关系

3.5.2　脉冲功率源中的功率半导体器件

高功率半导体触发时延短，导通时间和关断过程较快，通流高（晶闸管可通毫秒脉冲电流达数百千安以上），放电寿命较长，目前广泛应用于脉冲功率领域，因此高功率半导体成为断路开关的最佳选择。

作为全控开关，IGBT 的导通和关断可以被准确控制，在早期探索阶段，ABB 公司研制的 IGBT 被大量使用在 XRAM 拓扑结构中，但其通流较低，目前耐压 5 kV 的主流单片 IGBT 通流不足 10 kA，难以满足能量较高时的通流要求，技术瓶颈仍需突破；且价格是相同尺寸晶闸管的十倍以上，这也在一定程度上限制了其在脉冲功率研究中的应用。

由于晶闸管的基本结构并不十分复杂，其制作工艺只需要价格低廉的光刻设备。因此它的价格相对较低，在较低的开关功率下有广泛的应用。晶闸管的另一个主要应用是在大功率场合，在脉冲功率的应用中，特别是在电容储能系统中，它能通过高达几十千安的脉冲电流。工作电压为 8 kV、额定电流达到 5.6 kA 的晶闸管已经在 2008 年研制成功，而且晶闸管的脉冲电流通过的额定值比它的正常工作电流要大得多。

晶闸管的开通和关断的动态物理过程较为复杂，图 3-15 所示的为晶闸管的开通和关断过程的电压与电流波形。

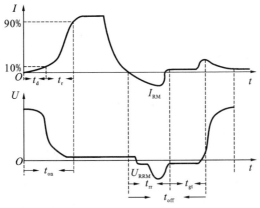

图 3-15　晶闸管的开通与关断过程的电压与电流波形

图 3-15 中开通过程描述的是晶闸管门极在坐标原点时刻开始受到理想阶跃电流触发的情况;而关断过程描述的是对已导通的晶闸管,外电路所施加的电压在某一时刻突然由正向变为反向的情况。

1. 开通过程

晶闸管的开通过程是载流子不断扩散的过程,其具体的工作机理在此不做介绍。由于晶闸管内部的正反馈过程及外电路电感的限制,晶闸管受到触发后,其阳极电流只能逐渐上升。从门极触发电流上升到额定值的 10% 开始,到阳极电流上升到稳态值的 10%(对于阻性负载相当于阳极电压降到额定值的 90%),这段时间称为触发延迟时间 t_d。阳极电流从 10% 上升到稳态值的 90% 所需要的时间(对于阻性负载相当于阳极电压由 90% 降到 10%)称为上升时间 t_r,开通时间 t_{on} 定义为两者之和,即

$$t_{on} = t_d + t_r$$

通常晶闸管的开通时间与触发脉冲的上升时间、脉冲峰值及加在晶闸管两极之间的正向电压有关。

2. 关断过程

当外加电压突然由正向变为反向时,由于外电路电感的存在,处于导通状态的晶闸管的阳极电流在衰减时存在过渡过程。阳极电流将逐步衰减到零,并在反方向流过反向恢复电流,经过最大值 I_{RM} 后,再反方向衰减。同时,在恢复电流快速衰减时,由于外电路电感的作用,会在晶闸管两端引起反向的尖峰电压 U_{RRM}。从正向电流降为零,到反向恢复电流衰减至接近于零的时间,是晶闸管的反向阻断恢复时间 t_{rr}。

反向恢复过程结束后,由于载流子复合过程比较慢,晶闸管要恢复其对反向电压的阻断能力还需要一段时间,这称为反向阻断恢复时间 t_{gr}。在反向阻断恢复时间内如果重新对晶闸管施加正向电压,晶闸管会重新正向导通,而不受门极电流控制而导通。所以在实际应用中,需对晶闸管施加足够长时间的反压,使晶闸管充分恢复其对正向电压的阻断能力,电路才能可靠工作。晶闸管的电路换向关断时间 t_{off} 定义为 t_{rr} 与 t_{gr} 之和,即

$$t_{off} = t_{rr} + t_{gr}$$

除了开通时间 t_{on}、关断时间 t_{off} 及触发电流 I_{GT} 外,在实际应用中比较值得关注的半导体开关(以晶闸管为例)包括以下主要参数。

1)断态(反向)重复峰值电压 U_{DRM}

断态(反向)重复峰值电压是指当门极断路而结温为额定值时,允许重复加在器件上的正向(反向)峰值电压。通常取晶闸管的 U_{DRM} 和 U_{RRM} 中较小的标值作为该器件的额定电压。

2)平均通态电流 $I_{T(AV)}$

国际规定平均通态电流为晶闸管在环境温度为 40 ℃和规定的冷却状态下,稳定结温不超过额定结温时所允许流过的最大工频正弦半波电流的平均值。这也是标称其额

定电流的参数。

3）维持电流 I_H

维持电流是指晶闸管维持导通所必需的最小电流，一般为几十到几百毫安。I_H 与结温有关，结温越高，则 I_H 越小。

4）擎住电流 I_L

擎住电流是指晶闸管从断态转入通态并移除触发信号后，能维持导通所需的最小电流。对同一晶闸管来说，通常 I_L 为 I_H 的 2～4 倍。

5）浪涌电流 I_{TSM}

浪涌电流是指由于电路异常情况引起的使结温超过额定结温的不重复性最大正向过载电流。

6）断态电压临界上升率 du/dt

断态电压临界上升率是指在额定结温、门极开路的情况下，不能使晶闸管从断态到通态转换的外加电压最大上升率。

7）通态电流临界上升率 di/dt

通态电流临界上升率是指在规定条件下，晶闸管能承受的最大通态电流上升率。如果 di/dt 过大，在晶闸管开通时会有很大的电流集中在门极附近的小区域内，从而造成局部过热而使晶闸管损坏。

8）脉冲电流通流能力

半导体元件承受浪涌电流的也是其通态特性的参数之一，通常大功率晶闸管的额定工作电流都在千安级并且是在工频（半个周期为 10 ms，通常脉冲功率装置的脉冲不超过 1 ms，所以为 10～20 倍）。

晶闸管器件承受脉冲电流的能力取决于 $\int i(t)\,dt$，脉冲电流的脉宽相对于工频或者直流电流来说很窄，因此在单次脉冲的条件下，晶闸管可以承受较高的脉冲电流峰值。通常脉冲电流峰值对晶闸管造成损坏的主要原因有以下两种：电击穿，电击穿是因为晶闸管在通过脉冲电流时，因为过载时的结温过高，使得晶闸管的反向阻断能力下降。脉冲电流通过之后，晶闸管出现较高反向电压时，元件被反向击穿。热量局部集中而造成器件损坏的击穿为热击穿。由于晶闸管体积小、重量轻，同时其封装采用真空密封，因此它的发热集中。当脉冲电流通过时，阀片电流密度很大。流过的电流越大，热点的温度越高，则它的体电阻越小，从而电流会更大，温度进一步升高，如此循环发展下去，会使得电流在短时间内收缩到通道中最热的部分，导致晶闸管局部温度超过临界温度，造成晶闸管烧毁损坏。

从上面的介绍来看，晶闸管的电流峰值承受能力与其工作结温有很大的关系。因此，为提高晶闸管承受电流峰值的能力，可在元件的制造工艺或者内部结构参数上进行调整，如保持基区有足够的少子残余寿命、增加硅片直径等。保证晶闸管在承受脉冲电流时工作结温不超过允许值，提高其通流能力。

要提高器件的电流容量，势必采用加大尺寸、降低电阻率和加厚芯片的设计方案：合理地设计阴极图形，优化芯片导通时的等离子体的扩展；优化扩散杂质分布，提高导通时载流子的注入比；增加芯片少子寿命，降低导通损耗；优化封装结构的设计，降低器件热阻，使芯片产生的热损耗能及时传导到器件表面。

要提高器件耐压能力，需要采用更高电阻率、更厚的单硅晶片，并且通过合理的芯片台面造型和处理，控制芯片表面电场强度，实现晶闸管预期的耐压设计。对于尺寸一定的晶闸管，其耐压能力与电流容量是相互矛盾的，因此，设计时必须在单晶电阻率、片厚、杂质分布及基区少子寿命之间进行优化和折中。

3.5.3 触发技术

晶闸管触发电路的作用是产生符合要求的门极触发脉冲，使得晶闸管在需要时正常开通。晶闸管触发电路必须满足以下几点要求：

（1）脉冲应有足够的幅度，对一些温度较低的场合，脉冲电流的幅度应增大为器件最大触发电流的 3～5 倍，脉冲的陡度也需要增加，一般须达 1～2 A/μs；

（2）所提供的触发脉冲应不超过晶闸管门极的电压、电流和功率定额，且在门极伏安特性的可靠触发区域之内；

（3）应有良好的抗干扰能力、温度稳定性及与主电路的电气隔离；

（4）触发脉冲形式应有助于晶闸管元件的导通时间趋于一致。在高电压大电流晶闸管串联电路中，要求串联的元件同一时刻导通，宜采用强触发的形式。

触发回路的作用是将低电位的触发控制信号传送到高电位的晶闸管的门极电路部分。一般采用以下 3 种方法。

1. 电磁触发方式

电磁触发方式是将低电平的触发信号经脉冲隔离变压器隔离后送到处于高电位的晶闸管门极，如图 3-16 所示。

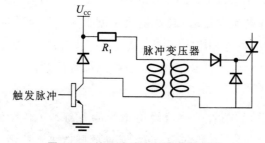

图 3-16 使用脉冲变压器的晶闸管

　　脉冲变压器的结构类似于电流互感器,是为了把触发脉冲同时传递给多个串联工作的晶闸管元件。在一根脉冲电流环电缆(初级)中贯穿着许多脉冲变压器,而且每一个脉冲变压器磁芯又绕有多个次级绕组。初级绕组处于低电位,各个脉冲变压器高压侧二次绕组所处电位不同。脉冲变压器的一次与二次绕组、二次绕组彼此之间、各个脉冲变压器彼此之间的绝缘问题很难得到解决。制造有几十千伏耐压值的脉冲变压器在技术上很困难。同时这种方式的电磁干扰严重,触发脉冲电流穿行于高电磁干扰环境,干扰易通过线圈传递到控制电路引起误触发,同时大功率高频电流的流动本身会带来很大的电磁干扰。因此多个脉冲变压器同时工作时的电磁兼容问题难以得到解决。

2. 直接光触发方式

　　直接光触发方式是将触发脉冲信号转变为光脉冲,直接触发高位光控晶闸管,如图3-17 所示。在直接光触发系统中,可控硅元件可以直接用一定波长、一定能量强度的光脉冲触发导通,电触发脉冲转变为光脉冲后,经过光纤传递直接作用于可控硅元件门极,省去了高电位上的触发回路和光-电转换电路,触发的可靠性较高。

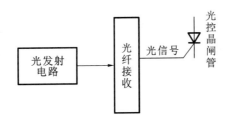

图 3-17　直接光触发方式电路

3. 间接光触发方式

　　间接光触发方式是利用光纤通信的方法,将低电位触发脉冲信号送到高电位,通过一次或者多次的光电转换将触发信号经处理后耦合到晶闸管门极。其工作原理如图3-18 所示。这种间接光触发方式的优点是:触发信号在传递中不会受到电磁干扰,不仅可以保证触发波形的强度、陡度一致性,又可以采用普通晶闸管,降低系统成本。特别是在脉冲功率技术的应用中,绝缘及电磁兼容问题显得更加突出。而光纤的优异绝缘性能可以很好地降低绝缘成本、隔离高压侧对低压侧的电磁干扰。

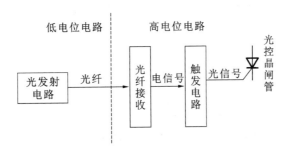

图 3-18　间接光触发方式电路

3.5.4　多个器件的串联与并联

半导体开关可以通过采用多个器件串联或并联的方式,来提高整体的工作电压或通流能力。

当需要耐压很高的开关时,单个晶闸管的耐压有限,单个晶闸管无法满足耐压需求,这时需要将多个晶闸管串联起来使用,从而得到满足条件的开关。

在器件的应用中,各个元件的静态伏安特性和动态参数的不同,引起各元件间电压分配不均匀,进而导致损坏器件的事故发生。影响串联运行电压分配不均匀的因素主要有以下几个。

(1)静态伏安特性对静态均压的影响。不同元件的伏安特性差异较大,串联使用时会使电压分配不均衡。同时,半导体器件的伏安特性容易受温度的影响,不同的结温也会使均压性能受到影响。

(2)关断电荷和开通时间等动态特性对动态均压的影响。晶闸管串联运行,延迟时间不同,门极触发脉冲的大小不同,都会导致阀片的开通速度不同。阀片的开通速度不同,会引起动态电压的不均衡。同时关断时间的差异也会造成各晶闸管不同时出现的关断现象。关断电荷少,则易关断,关断时间也短,先关断的元件必然承受最高的动态电压。

(3)晶闸管串联技术的根本目的是保证动态、静态特性不同的晶闸管在串联后能够安全稳定运行且都得到充分的利用。这涉及串联晶闸管的元件保护、动态均压、静态均压、触发一致性、反向恢复过电压的抑制、开通关断缓冲等一系列问题。图 3-19 所示的为多个晶闸管串联作固体开关的示意图。

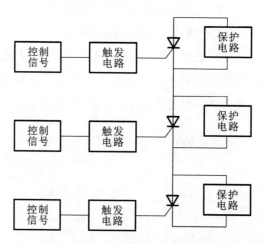

图 3-19　多个晶闸管串联作固定开关的示意图

1. 静态保护回路

晶闸管串联分压不均是由阀片的泄漏电阻的差异引起的。由于制造原因,这种泄漏电阻的分散性是不可避免的。

对晶闸管的伏安特性进行研究,可得两个串联晶闸管阀片正向伏安特性不同时的分压情况,如图 3-20 所示。通过采用并联静态均压电阻 R_P 的方法,可有效改善晶闸管的静态均压问题。

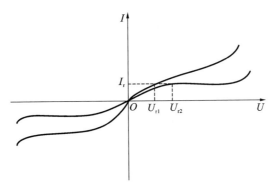

图 3-20　串联晶闸管的伏安特性

其静态均压电阻 R_P 和功率 P_{RP} 分别为

$$R_P \leqslant (0.1 \sim 0.25) \frac{U_{TN}}{I_{DRM}} \tag{3-1}$$

$$P_{RP} \leqslant \left(\frac{U_{TN}}{n}\right)^2 \frac{1}{R_P} \tag{3-2}$$

式中:U_{TN}——晶闸管额定电压;

I_{DRM}——晶闸管断态重复电流;

R_P——额定电压下的泄漏电阻的 $0.1 \sim 0.25$ 倍;

U_m——器件承受正反向峰值电压;

n——器件串联件数。

该方法的优点是算法简单直观,其缺点在于:没有考虑晶闸管运行时各串联元件的泄漏电流的差异,以及工作电压与器件额定电压的差别;计算过于简单,使得 R_P 过小,均压电阻的损耗及系统损耗增加。

2. 动态保护回路

串联工作的晶闸管各阀片间之所以会产生动态分压不均,其根本原因是阀片的开通时间不一致。先开通的晶闸管两端的电压下降为阀片的通态电压,造成后开通的晶闸管承受较高的电压过冲。

从外电路电气特性方面分析晶闸管开通过电压。假设两个串联阀片的开通时间不一致,两个晶闸管串联开通时的均压分布如图 3-21 所示。采用并联阻容网络,利用电容

C 两端电压不能突变的特性,使各串联晶闸管承受的电压受到限制。设每个晶闸管可以承受额外电压的能力为

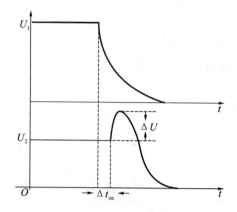

图 3-21 两个串联晶闸管开通时的均压分布

$$\Delta U = U_D - \frac{U_N}{n}$$

式中:U_D——晶闸管手册给出的最大正向阻断电压;

U_N/n——每个晶闸管实际工作电压,所以 ΔU 是晶闸管还有的"潜力",即晶闸管在瞬态过程中还能多承担 ΔU 的电压。

在串联晶闸管没完全导通时刻,可近似地认为回路中的放电电流是晶闸管串联组件全导通时刻的放电电流 I_L,Δt_{on} 是最后导通的晶闸管相对于其他晶闸管滞后导通的时间。在 Δt_{on} 时间内通过电流 I_L 后,C_1 上积累的电荷为 $I_L \Delta t_{on}$,等于 C_1 上电压上升 ΔU 时储存的电荷 $C_1 \Delta U$,则有

$$I_L \Delta t_{on} \leqslant C_1 \Delta U \qquad (3\text{-}3)$$

得出

$$C_1 \geqslant \frac{I_L \Delta t_{on}}{\Delta U} \qquad (3\text{-}4)$$

参 考 文 献

[1]陈首燊,褚宗兰.脉冲功率开关技术[J].电工电能新技术,1984(04):1-10.

[2]贺臣.重复频率长寿命气体火花开关的研究[D].武汉:华中科技大学,2004.

[3]邹贵荣.油介质脉冲功率开关绝缘特性研究[D].大连:大连理工大学,2014.

[4]王清玲.轴向磁场控制的旋转电弧开关的研制[D].武汉:华中科技大学,2006.

[5]满林坤,孔令东,葛亮.触发真空开关介绍与研究现状综述[J].电工电气,2018(07):

10-15,21.

[6]吴汉基.触发真空开关及其应用[J].电工电能新技术,1992(03):26-32.

[7]孙成民,谢建民,邱毓昌.伪火花开关的设计与实验研究[J].高压电器,2003(05):4-6.

[8]江伟华.高重复频率脉冲功率技术及其应用:(4)半导体开关的特长与局限性[J].强
　　激光与粒子束,2013,25(03):537-543.

[9]宋礼伟.高压大功率脉冲电源关键技术研究[D].武汉:华中科技大学,2019.

[10]薄鲁海.晶闸管在脉冲功率电源中的应用研究[D].武汉:华中科技大学,2009.

[11]黄凯.重频大浪涌条件下晶闸管热特性研究[D].西安:西安电子科技大学,2019.

[12]李世平,任亚东,熊思宇,等.150 mm 高压脉冲功率晶闸管的研制与应用[J].大功率
　　变流技术,2012(01):9-12.

[13]丁荣军,刘国友.±1100 kV 特高压直流输电用 6 英寸晶闸管及其设计优化[J].中国
　　电机工程学报,2014,34(29):5180-5187.

[14]徐建霖,王晨,甄洪斌,等.串联晶闸管光纤隔离触发系统设计及试验[J].船电技术,
　　2016,36(12):10-13,17.

[15]鲁万新.脉冲晶闸管的放电特性及热特性研究[D].武汉:华中科技大学,2011.

第 4 章

脉冲形成技术

4.1 传 输 线

4.1.1 引言

传输线技术可以用来形成、变换和传输脉冲,这在电信技术中早已得到广泛应用,并有详尽的数学分析。但在脉冲功率技术中,利用高压传输线(达数兆伏)获得纳秒高压脉冲是 20 世纪 60 年代初期英国 J. C. 马丁的一个创举。他成功地将布鲁姆莱因(A. D. Blumlein)在雷达脉冲调制器上的双传输线技术应用于脉冲功率研究,J. C. 马丁此举开创了脉冲功率技术的新纪元。

在脉冲功率中,传输线主要有两个功能:用高保真且具有固定延时的传输电脉冲;配合适当开关和负载,利用传输线可以形成纳秒级脉宽的电脉冲,这种情况下,又常常称之为脉冲形成线(PFL)。

传输信号的波长与导体的实际几何尺寸可比拟时或比导体实际几何尺寸短时,必须采用传输线模型,即电路中的 L、C、R 等元件不能看作是集中分布,而必须考虑为连续分布。脉冲功率系统中,一般上升时间为纳秒级,频率为 10^8 Hz 级,则波长一般为米级,与设备尺寸接近,所以需要将传输线看作是分布参数元件。

表 4-1 所示的为各种传输线的几何形状和相应的参数。这里的 L 和 C 是单位长度的电感和电容,Z_0 为传输线的特性阻抗。

表 4-1 各种传输线的几何形状和相应的参数

传输线	几何形状	参数
同轴传输线	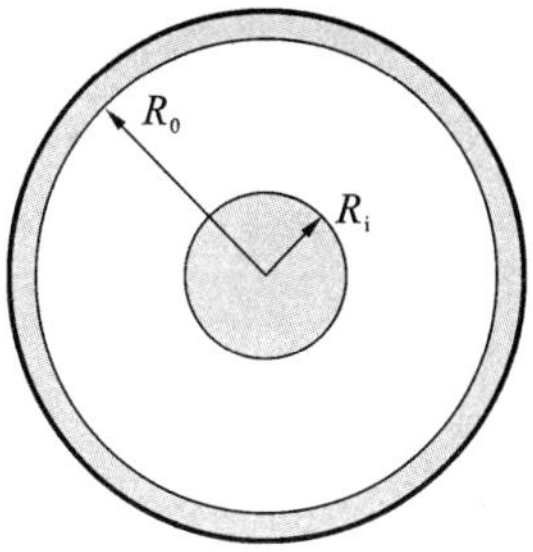	$C=\dfrac{2\pi\varepsilon}{\ln(R_0/R_i)}$ $L=\dfrac{\mu}{2\pi}\ln\left(\dfrac{R_0}{R_i}\right)$ $Z_0=\dfrac{\sqrt{\mu/\varepsilon}}{2\pi}\ln\left(\dfrac{R_0}{R_i}\right)$
平行线传输线	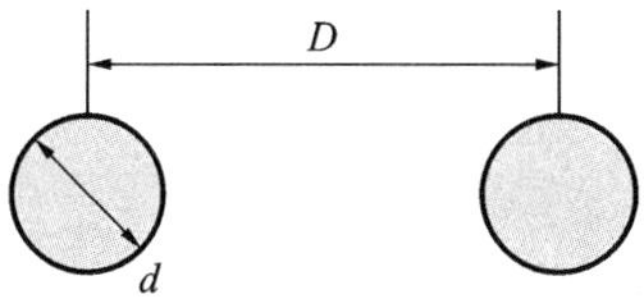	$C=\dfrac{\pi\varepsilon}{\cosh^{-1}(D/d)}$ $L=\dfrac{\mu}{\pi}\cosh^{-1}\left(\dfrac{D}{d}\right)$ $Z_0=\dfrac{\sqrt{\mu/\varepsilon}}{\pi}\pi\cosh^{-1}\left(\dfrac{D}{d}\right)$
平行板传输线	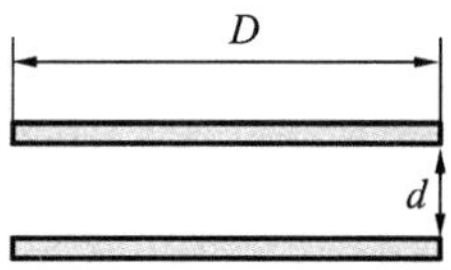	$C=\dfrac{\varepsilon D}{d}$ $L=\dfrac{\mu d}{D}$ $Z_0=\sqrt{\mu/\varepsilon}\dfrac{d}{D}$
条状线	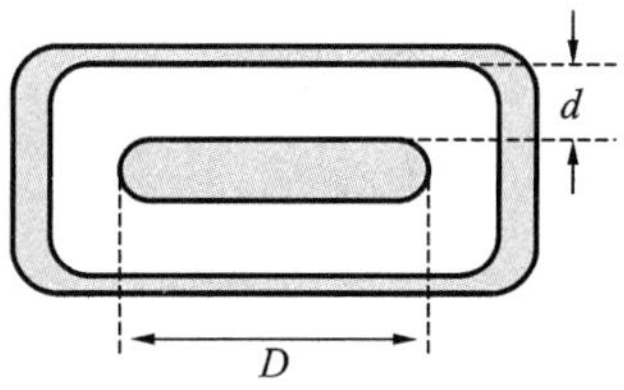	$C=\dfrac{2\varepsilon D}{d}$ $L=\dfrac{\mu d}{2D}$ $Z_0=\sqrt{\dfrac{\mu}{\varepsilon}}\dfrac{d}{2D}$

4.1.2 传输线的等效电路和基本方程

严格地讲,应该使用 Maxwell 方程来描述电磁波在传输线内的传播,但是要考虑均匀传输线的一个微小部分。如图 4-1 所示,由于传输线存在分布电感和分布电容,沿传播方向分布电阻,两传输线之间存在泄漏电流引起的泄漏电阻,如果波长 $\lambda\gg\Delta x$,则 $abcd$ 段可以等效为如图 4-2 所示的电路,图中 R 为单位长度串联电阻,R' 为单位长度泄漏电阻,C 为单位长度电容,L 为单位长度电感。

73

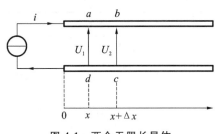

图 4-1　两个无限长导体

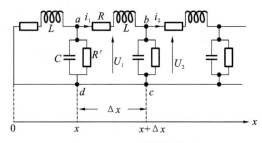

图 4-2　$abcd$ 段等效电路

假设传输线始端接角频率为 ω 的正弦信号源,终端接负载阻抗 Z_L,记 $G=1/R'$。对于图 4-2,由基尔霍夫(Kirchhoff)定律,可以得到

$$
\begin{cases}
U_1 = R\Delta x i_1 + L\Delta x \dfrac{\partial i_1}{\partial t} + U_2 \\[2mm]
i_1 = i_2 + G\Delta x U_2 + C\Delta x \dfrac{\partial U_2}{\partial t}
\end{cases}
\tag{4-1}
$$

方程两边同时除以 Δx,并取极限 $\Delta x \to 0$,可得

$$
\begin{cases}
\dfrac{\partial U}{\partial x} = -Ri - L\dfrac{\partial i}{\partial t} \\[2mm]
\dfrac{\partial i}{\partial x} = -GU - C\dfrac{\partial U}{\partial t}
\end{cases}
\tag{4-2}
$$

如果 R、L、C、G 等都是常数,即均匀传输线,则以上方程进一步写作(对 x 再求一次偏导数)

$$
\begin{cases}
\dfrac{\partial^2 U}{\partial x^2} = RGU + (RC+LG)\dfrac{\partial U}{\partial t} + LC\dfrac{\partial^2 U}{\partial t^2} \\[2mm]
\dfrac{\partial^2 i}{\partial x^2} = RGi + (RC+LG)\dfrac{\partial i}{\partial t} + LC\dfrac{\partial^2 i}{\partial t^2}
\end{cases}
\tag{4-3}
$$

方程(4-2)和方程(4-3)的形式相同,都是典型的波动方程。

波动方程有以下的形式解,都是两个行波的叠加,分别向 $+x$、$-x$ 方向传播,有

$$
\begin{cases}
U = A\mathrm{e}^{\mathrm{j}(\omega t - kx)} + B\mathrm{e}^{\mathrm{j}(\omega t + kx)} \\[2mm]
i = A'\mathrm{e}^{\mathrm{j}(\omega t - kx)} + B'\mathrm{e}^{\mathrm{j}(\omega t + kx)}
\end{cases}
\tag{4-4}
$$

式中:$k^2 = -(R+\mathrm{j}\omega L)(G+\mathrm{j}\omega C)$,可得

$$
k = -\mathrm{j}\sqrt{(R+\mathrm{j}\omega L)(G+\mathrm{j}\omega C)}
$$

根据电流-电压关系和边值条件可确定解中的系数。

根据

$$
\frac{\partial U}{\partial x} = -Ri - L\frac{\partial i}{\partial t}
$$

对 U 求 $\dfrac{\partial U}{\partial x}$,对 i 求 $\dfrac{\partial i}{\partial t}$,可得

$$\begin{cases} U = Ae^{j(\omega t - kx)} + Be^{j(\omega t + kx)} \\ i = \dfrac{A}{Z_0}e^{j(\omega t - kx)} - \dfrac{B}{Z_0}e^{j(\omega t + kx)} \end{cases}$$

式中：$Z_0 = \sqrt{\dfrac{R + j\omega L}{G + j\omega C}}$。

在给定边界条件下确定解中的 A 和 B，就可以得到传输线中电压和电流的传播过程。例如，当 $t=0$，$x=0$ 时，$U=U_0$，$i=i_0$。解得传输线上的电压、电流分别为

$$\begin{cases} U = \dfrac{1}{2}(U_0 + i_0 Z_0)e^{j(\omega t - kx)} + \dfrac{1}{2}(U_0 - i_0 Z_0)e^{j(\omega t + kx)} \\ i = \dfrac{1}{2Z_0}(U_0 + i_0 Z_0)e^{j(\omega t - kx)} - \dfrac{1}{2Z_0}(U_0 - i_0 Z_0)e^{j(\omega t + kx)} \end{cases} \tag{4-5}$$

可以看出，传输线上的电压和电流为两项之和，可以分别写为

$$\begin{cases} U = Ae^{j(\omega t - kx)} + Be^{j(\omega t + kx)} = u^+ + u^- \\ i = \dfrac{A}{Z_0}e^{j(\omega t - kx)} - \dfrac{B}{Z_0}e^{j(\omega t + kx)} = i^+ + i^- \end{cases} \tag{4-6}$$

由式（4-6）可知，电压波（或电流波）在传输线上传播，它们既是时间的函数，又是空间的函数，它们由前行波和反行波组成。它是一个朝 $+x$ 方向，以速度 c 传播的波。第二项描述的是朝相反方向 $-x$ 方向以同样的速度传播的波。

无穷长线或匹配负载的传输线上任何一点在建立电流 I 时，必然同时建立电压 U，并且所建立电压与电流之比等于传输线的波阻抗 Z_0，即

$$Z_0 = \frac{u^+}{i^+} = \frac{u^-}{i^-} = \sqrt{\frac{R + j\omega L}{G + j\omega C}} \tag{4-7}$$

4.1.3　均匀无损传输线的脉冲形成

对于均匀无损传输线，$R=0$，$G=0$，故有

$$k = -j\sqrt{(R + j\omega L)(G + j\omega C)} = \omega\sqrt{LC} \tag{4-8}$$

$$Z_0 = \sqrt{\frac{R + j\omega L}{G + j\omega C}} = \sqrt{\frac{L}{C}} \tag{4-9}$$

传输线上的电压和电流可以分别写为

$$\begin{cases} U = u^+ + u^- = Ae^{j(\omega t - \omega\sqrt{LC}x)} + Be^{j(\omega t + \omega\sqrt{LC}x)} \\ i = i^+ + i^- = \dfrac{A}{Z_0}e^{j(\omega t - \omega\sqrt{LC}x)} - \dfrac{B}{Z_0}e^{j(\omega t + \omega\sqrt{LC}x)} \end{cases} \tag{4-10}$$

x_1 处在 t_1 时刻开始"观察"的电压正向行波的相位为 $\omega t_1 - \omega\sqrt{LC}x_1$，$x_2$ 处在 t_2 时刻开始"观察"的电压正向行波的相位为 $\omega t_2 - \omega\sqrt{LC}x_2$，两处波形同相位，有

$$\omega t_1 - \omega \sqrt{LC} x_1 = \omega t_2 - \omega \sqrt{LC} x_2 \qquad (4\text{-}11)$$

由此可得波速为

$$v = \frac{x_2 - x_1}{t_2 - t_1} = \frac{1}{\sqrt{LC}} \qquad (4\text{-}12)$$

4.2 利用单传输线产生高压脉冲

脉冲形成线是最简单的产生脉冲的方法之一,常用于产生快速上升沿和下降沿的脉冲,脉冲形成线可产生可变的脉宽、脉冲形状及重复频率的脉冲,功率覆盖范围宽。尽管任意形状的导体可构成传输线,但为了满足一定的要求,按几何构型分类,常使用以下传输线:同轴线(coaxial line)、平行双导线(parallel cylindrical line)、微带线(micro strip)、变阻抗传输线、磁绝缘传输线(magnetically insulated transmission line)、脉冲形成网络(pulse-forming networks,PFNs)、折叠线、螺旋线(helical line)。

图 4-3 所示的为单传输线脉冲形成线示意图,传输线完全充电后,理想开关闭合,对负载(假定负载为纯电阻)放电。

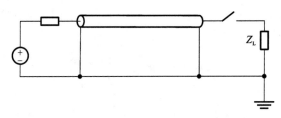

图 4-3 单传输线脉冲形成线示意图

假设传输线的长度为 l,波阻抗为 Z_0,波速为 v,下面简述传输线形成脉冲的过程。

(1)开关接通前传输线已充至电压 U;

(2)当 $t=0$ 时,开关 S 闭合后,传输线将对负载 Z_L 放电。其放电电流和放电电压分别为

$$I_L = \frac{U}{Z_L + Z_0}$$

$$U_L = I_L \times Z_L = \frac{U Z_L}{Z_L + Z_0} \qquad (4\text{-}13)$$

相当于传输线放电时终端得到一反射电压 U_f,且 U_f 为负,则

$$U_f = -(U - U_L) = -\left(U - \frac{U Z_L}{Z_L + Z_0}\right) = -\frac{U Z_0}{Z_L + Z_0}$$

$$I_f = \frac{U_f}{-Z_0} = \frac{U}{Z_L + Z_0} \qquad (4\text{-}14)$$

（3）当 $t=l/v$，电压 U_{f} 传到始端时，此时传输线上电压若用 U_{Line} 表示，则

$$U_{\mathrm{Line}}=U+U_{\mathrm{f}}=U-(U-U_{\mathrm{L}})=U_{\mathrm{L}} \tag{4-15}$$

（4）当电压 U_{f} 传到始端时，电压 U_{f} 将从始端向终端反射，返回到终端，反射波电压和入射波电压之比称为电压反射系数 ρ，由于传输线始端开路，$\rho=1$，电压 U_{f} 将从始端等大同向反射，传输线上电压若用 U'_{Line} 表示，则有

$$U'_{\mathrm{Line}}=U_{\mathrm{Line}}+U_{\mathrm{f}}=U_{\mathrm{Line}}-(U-U_{\mathrm{L}})=2U_{\mathrm{L}}-U \tag{4-16}$$

（5）当 $t=2l/v$ 时，电压波 U_{f} 沿线传输到终端，终端接负载 Z_{L}，传输线的特性阻抗为 Z_{0}，则反射系数为

$$\rho=\frac{Z_{\mathrm{L}}-Z_{0}}{Z_{\mathrm{L}}+Z_{0}} \tag{4-17}$$

当电压 U_{f} 返回到终端时，线上任一点电压都为 U'_{Line}，如果开关 S 未断开，U'_{Line} 又将对负载 Z_{L} 放电，重复上述过程。

当出现完全匹配情况，即 $Z_{\mathrm{L}}=Z_{0}$ 时，对以上各个阶段，有

$$I_{\mathrm{L}}=\frac{U}{2Z_{\mathrm{L}}}, U_{\mathrm{L}}=\frac{U}{2}, U_{\mathrm{f}}=-\frac{U}{2}, I_{\mathrm{f}}=\frac{U}{2Z_{\mathrm{L}}}, U_{\mathrm{Line}}=U_{\mathrm{L}}=\frac{U}{2}, U'_{\mathrm{Line}}=0 \tag{4-18}$$

4.3　Blumlein 传输线

单传输线结构简单，脉冲上升时间快，应用较广，但是其缺点是输出电压只有传输线充电电压的 1/2，Blumlein 传输线可以获得幅值等于输入电压的输出脉冲，克服了单传输线输出仅为输入电压的 1/2 的缺点。

4.3.1　产生高压脉冲过程分析

Blumlein 传输线的示意图如图 4-4 所示。

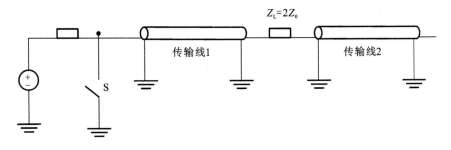

图 4-4　Blumlein 传输线的示意图

假设每根传输线的长度为 l，波阻抗为 Z_0，波速为 v，负载阻抗 $Z_L = 2Z_0$，即负载与传输线阻抗匹配，下面简述传输线形成脉冲的过程。

(1)开关接通前传输线已充至电压 U，传输线中的电流为 0。

(2)当 $t = 0$ 时，开关 S 闭合后，点 A 强制接地，在 $0 < t < l/v$ 时间内，电压入射波 $U_{r1} = -U$ 从点 A 沿传输线向负载传播，同时也产生相应的电流波 $i_{r1} = -U/Z_0$ 向负载方向传播，此时负载上尚不出现电压。

(3)当 $t = l/v$ 时，入射波 $U_{r1} = -U$ 到达负载 Z_L，此时，电阻 Z_L 和第二条传输线的特性阻抗串联起来，构成终端负载，产生一部分反射波 U_{f1} 和一部分透射波 U_{t1}，此透射波的一部分在 Z_L 上形成电压降，另一部分进入传输线 2 成为入射波 U'_{r1}，实际上是 Z_L 和 Z_0 的分压。利用反射系数和透射系数，可以求出反射波和透射波，即

$$U_{f1} = \frac{(Z_L + Z_0) - Z_0}{(Z_L + Z_0) + Z_0} U_{r1} = \frac{(2Z_0 + Z_0) - Z_0}{(2Z_0 + Z_0) + Z_0} U_{r1} = \frac{1}{2} U_{r1} = -\frac{1}{2} U \qquad (4\text{-}19)$$

$$U_{t1} = \frac{2(Z_L + Z_0)}{(Z_L + Z_0) + Z_0} U_{r1} = \frac{2(2Z_0 + Z_0)}{(2Z_0 + Z_0) + Z_0} U_{r1} = \frac{3}{2} U_{r1} = -\frac{3}{2} U \qquad (4\text{-}20)$$

由于 Z_L 和 Z_0 的分压，有

$$U_{ZL} = \frac{Z_L}{Z_L + Z_0} U_{t1} = \frac{2Z_0}{2Z_0 + Z_0} U_{r1} = \frac{2}{3} U_{r1} = \frac{2}{3} \left(-\frac{3}{2} U \right) = -U \qquad (4\text{-}21)$$

$$U'_{r1} = \frac{Z_0}{Z_L + Z_0} U_{t1} = \frac{Z_0}{2Z_0 + Z_0} U_{r1} = \frac{1}{3} U_{r1} = \frac{1}{3} \left(-\frac{3}{2} U \right) = -\frac{1}{2} U \qquad (4\text{-}22)$$

反射波 U_{f1} 在传输线 1 中向点 A 传播，入射波 U'_{r1} 在传输线 2 中向点 B 传播，当 $t = l/v$ 时，传输线 1 靠近负载端的电压为 $-U/2$，传输线 2 靠近负载端的电压为 $-U/2 + U = U/2$，所以负载上的电压为 $U/2 - (-U/2) = U$。

(4)当 $t = 2l/v$ 时，电压入射波 U_{f1} 沿传输线 1 传输到短路端点 A，并以相反的符号等幅值反射，形成由点 A 沿传输线 1 向负载入射的入射波 $U_{r2} = U/2$。与此同时，U'_{r1} 到达传输线 2 的开路端点 B，并以相同的符号等幅值反射，形成由点 B 沿传输线 2 向负载反射的反射波 $U'_{f1} = -U/2$。随着两个波向负载方向运动，传输线上的电压将变为零。

(5)当 $t = 3l/v$ 时，U_{r2}、U'_{f1} 到达负载，负载上的电压为零，传输线放电过程结束。

4.3.2 同轴 Blumlein 传输线

如果把图 4-4 两条形成线和负载串联的接法稍加修改，变成如图 4-5 所示的接法，称为同轴 Blumlein 传输线。

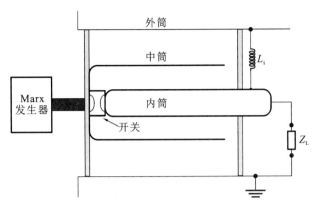

图 4-5　同轴 Blumlein 传输线

Blumlein 传输线一般采用液体绝缘介质,按照绝缘介质的不同,Blumlein 传输线通常称为水线和油线,水线是用水作绝缘介质,油线是用变压器油(甘油等)作绝缘介质。图 4-5 所示的同轴 Blumlein 传输线由三个同轴圆筒(导体)组成,假设内筒、中筒、外筒的内半径分别为 r_1、r_2、r_3,圆筒之间充以绝缘介质。内筒和中筒之间有一个开关,内筒与中筒组成单传输线,其波阻抗为 Z_1,中筒与外筒组成另一单传输线,其波阻抗为 Z_2,负载接在内筒与外筒之间。工作时,由 Marx 发生器对 Blumlein 传输线谐振充电。L_i 为接地电感,充电时它相当于短路,放电时它相当于开路。同轴 Blumlein 传输线工作原理大致为:由马克斯(Marx)发生器对中筒和有接地电感 L_i 的 Blumlein 传输线充电,充电时间由马克斯发生器的串联等效电容、电感及传输线本身的电容决定。当充电电压达到某一电压时,开关击穿,传输线的中筒与内筒短接,即开始放电过程,并在负载上形成一个与传输线长度 l、阻抗 Z_1、Z_2 及负载阻抗有关的输出脉冲。Blumlein 传输线同时完成脉冲形成和把能量传输给负载的过程。

随着脉冲功率技术的发展,Blumlein 传输线中有采用水作绝缘介质的,与油介质传输线相比,采用水作绝缘介质有如下好处。

(1)选用水介质传输线可以获得更大的电流。当 Blumlein 传输线工作在负载匹配的条件下时,负载上流过的电流为

$$I = \frac{U}{2Z} \tag{4-23}$$

式中: $Z = (60/\sqrt{\varepsilon_r})\ln(r_2/r_1)$。

可见电流与 $\sqrt{\varepsilon_r}$ 成正比,$\varepsilon_{r水} \approx 80$,而 $\varepsilon_{r油} \approx 2$,显然,在相同的情况下,选用水介质可以获得更大的电流。

(2)在脉冲宽度一定的条件下,选用水介质传输线可以大大缩短传输线的长度。在脉宽 T 确定后,产生脉宽 T 所需 Blumlein 传输线的长度为

$$l = \frac{T}{2\sqrt{LC}} = \frac{15}{\sqrt{\varepsilon_r}}T \tag{4-24}$$

可见在脉宽一定的条件下,传输线介质的介电常数越大,传输线的长度越短。

(3)选用水介质传输线可以提高单位体积内储存的能量。

(4)水介质相对便宜,一旦泄漏,水比油更容易更换。

使用水介质传输线的主要问题是水介质的电导率较大,自放电的速度较快,为了保证水介质传输线的充电,必须要求充电的速度要快。

4.4 其他产生高功率脉冲的方法

4.4.1 采用电容储能的高功率脉冲常用产生方法

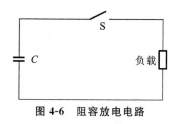

图 4-6 阻容放电电路

采用电容储能的高功率脉冲发生器,是最常用的技术途径。如图 4-6 所示,利用大容量电容器组储能,经过开关,并联对负载放电,产生高功率脉冲,这种方法结构相对简单、灵活,电容器组容量可大可小。

当充有电压 U 的电容被开关接通到电阻 R 上时,电阻上的电压波形为

$$U_R = Ue^{-t/\tau} \tag{4-25}$$

式中:$\tau = RC$——脉冲指数后沿的时间常数。

阻容放电电路的特点是:通过开关的导通将电容器储存的能量直接加载到负载上,电阻上的电压(电流)脉冲有很快的前沿,但是脉冲幅度随之降落,没有平顶。为了获得(准)方波脉冲波形,必须适时地关断开关,而且电容中的储能必须比输出脉冲能量大 1~2 个数量级,这样使开关关断时形成脉冲的顶降才能较小。也就是说,时间参数 τ 要远大于脉宽 T。

如果采用固体半导体开关,基本的 RC 电路很难有单个开关满足高电压的需求。需要应用多个串联开关来实现高压开关的目的,开关直接串联以提高耐压看似简单,但是需要有外部电路来保证电压在开关上均匀的动态分配,防止被损坏。

4.4.2 大容量电容器组并联运行

电容器储能系统根据负载的要求选择不同的电容器容量、工作电压、结构连接、开关等。当负载系统要求高功率(如数百千焦储能系统)时,一般采用几个电容器连接一个开关,然后多个开关同时对负载放电,如图 4-7 所示。

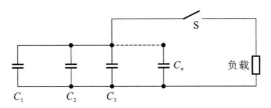

图 4-7 多个电容器直接并联使用的电路原理图

当采用多个储能电容器并联充电、串联放电的工作方式时,如果在充电过程中有一个储能电容器内部的绝缘损坏击穿,则会导致与之并联的其他电容器将向该故障电容器放电,即其他电容器中所储存的能量将全部泄放到故障电容器中去。如图 4-8 所示,储能电容器 C_1 内部故障,其他与之并联的储能电容器 $C_2, C_3, \cdots, C_n$ 向其快速放电。由于泄放时间短,能量大,所以会使故障电容器内部的绝缘油迅速分解气化,在电容器外壳中产生很大的压力,从而造成故障电容器爆炸。因此,在大型脉冲电流发生器中,为了避免储能电容器发生爆炸,常常需要对储能电容器采取保护措施。

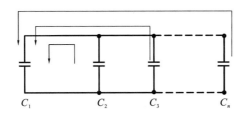

图 4-8 完好电容器向故障电容器放电

常用的保护方法如下。

1. 吸能限流保护法

吸能限流保护法原理图如图 4-9 所示,它是在每个电容器的出线端串接一个热容量足够大的吸能电阻 r,利用吸能电阻来吸收、消耗其他储能电容器的储能。这样一旦某个储能电容器损坏击穿,则与之并联的储能电容器中的储能将大部分消耗在吸能电阻上,从而降低故障电容器爆炸的危险。比如,储能电容器 C_2 发生故障,电容器 C_1 向 C_2 放电时,必须经过吸能电阻。在脉冲电流发生器中,吸能电阻在充电过程中起限流电阻的作用,而只有在充电过程中电容器发生故障时才起保护作用,达到吸收能量的目的。

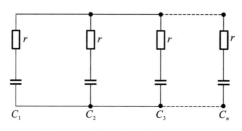

图 4-9　吸能限流保护法原理图

为了使吸能电阻能有效吸收其他电容器中大部分储能,通常要求吸能电阻的阻值远大于故障电容器的击穿火花通道的电弧电阻。

吸能限流保护法的缺点在于:在电容器放电时,吸能电阻 r 上要消耗能量,减小系统的能量利用效率。从能量利用效率的角度考虑,希望吸能电阻 r 越小越好;但从防止故障电容器发生爆炸的角度考虑,希望吸能电阻远大于故障电容器的击穿火花通道的电弧电阻。

在选择吸能电阻时,需要对吸能电阻的质量进行计算。当然在计算吸能电阻的质量时还应考虑储能电容器中的储能。由于吸能电阻远大于故障电容器的击穿火花通道的电弧电阻,所以可以假定脉冲电流发生器中总储能完全消耗在吸能电阻上,据此可以根据热力学定律计算出吸能电阻的质量。吸能电阻的质量为

$$m = \frac{Q}{cT} \tag{4-26}$$

式中:m——吸能电阻的质量,kg;

$\quad\ \ c$——吸能电阻材料的比热,kcal[①]/(kg·℃);

$\quad\ \ T$——吸能电阻材料允许的温升,℃;

$\quad\ \ Q$——储能电容器的总储能,kcal。

吸能电阻一般采用固体材料的电阻。为了利用吸能电阻对储能脉冲电容器进行有效保护,通常要求其阻值远大于故障电容器的击穿火花通道的电弧电阻,同时还应要求其热容量足够大。吸能电阻热容量的大小可通过其质量来表征。

2. 分组吸能保护法

分组吸能保护法原理图如图 4-10 所示,它将储能电容器进行分组,每一组采用一个隔离间隙,从而减小隔离间隙的数目。由于每组内的储能电容器是并联的,所以当某个储能电容器发生短路故障时,该组内的其他电容器中的储能将泄放在故障电容器上。因此,为了避免故障电容器发生爆炸,必须限制每组内的储能电容器的数目,即每组储能电容器中的总储能不应超过每个故障电容器可承受的故障能量。在设计过程中,可以依据每个电容器可承受的故障能量和每个电容器工作时的储能来决定每组储能电容器中的电容器个数。

---

① 1 cal=4.184 J。

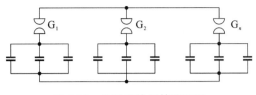

图 4-10　分组吸能保护原理图

3. 熔断丝保护法

如图 4-11 所示,这种方法是每个并联电容器同时串联电阻丝绕制的电感和熔断丝器。这种方法利用电感限制母线短路时电容器通过的故障电流,利用熔断丝切断短路的电容器,避免发生爆炸事故。

熔断丝预期开断电流的选取原则如下。

熔断丝熔体承受的热负载整定值以大于正常工作时的对应值为宜,以保证熔断丝动作灵敏度;为保证电容器的使用寿命,预期开断电流要小,使故障情况下流经被保护电容器的电流小于规定的值,同时要使电容器在电流反向前得到保护;对于电容器击穿故障,被保护电容器上的正向残压尽可能高,防止注入被击穿电

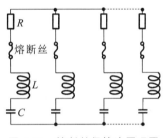

图 4-11　熔断丝保护法原理图

容器上的能量太大而爆炸;要使母排所受故障电流的电动力小,预期开断电流尽可能小。

熔断丝熔体所承受的热负载整定值应大于其正常工作对应值的几倍,以保证熔断丝有一定的过载能力;熔体正常工作时的温升要求预期开断电流有足够的裕度。

另外,电容器的使用寿命与其承受的反向残压有关,熔断丝预期开断电流的选取应尽可能使电容器上反向残压低于设计指标或满足使用规定。

4.5　Marx 发生器

4.5.1　概述

1923 年,德国人 Erwin Marx 获得了 Marx 发生器专利以后,Marx 发生器得到了广泛的应用。在电力部门,如冲击电压发生器是高电压实验室中常用于检测电气设备冲击耐压特性的装置。在脉冲功率技术中 Marx 发生器常作为电容储能的主要器件,直接对负载放电,从而得到高功率脉冲。在大型脉冲功率装置中,经常是多个 Marx 发生器并联后对负载放电,负载上得到高功率。对 Marx 发生器的主要要求是:可输出一定幅值并具

有一定时间宽度的脉冲电压,低电感,结构紧凑。

Marx 发生器的基本原理是:电容器并联充电,然后再通过开关(球隙)串联放电来实现电容器电压串联倍增。图 4-12 所示的为 Marx 发生器的基本电路图。每个电容器并联充电到 U_0,在球隙 G_1 击穿后,点 a 电位立即变为零,但由于点 c 上电位不能突变,点 b 电位立即变为 $-U_0$。由于杂散电容 C_S 的存在,点 c 电位仍来不及改变,因此 G_2 两端电压降为 $2U_0$,G_2 击穿。依此类推,各级顺序击穿,即串联放电,进而得到一个很陡的高幅值的脉冲电压。

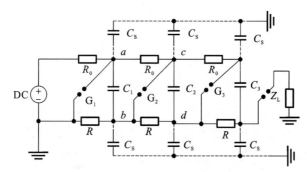

图 4-12　Marx 发生器的基本电路图

R_0—保护电阻;R—充电电阻;$G_0 \sim G_3$—球隙;C_S—各级对地杂散电容;Z_L—负载

4.5.2　脉冲功率技术中常使用的 Marx 发生器

1. 正负充电的 Z 形 Marx 发生器

正负充电的 Z 形 Marx 发生器电路图如图 4-13 所示。Z 形 Marx 发生器第一、第二级火花开关采用外触发,并用正负充电系统,开关数可减少一半。R_g 称为接地电阻,其值比充电电阻 R 大很多。n 为电容排列的顺序数。电容器排列如图 4-13 所示,第 n 个电容器串联放电时,R 和 R_g 承受的最大冲击电压为 nU_0。

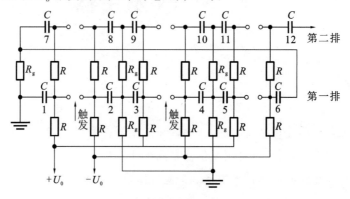

图 4-13　正负充电的 Z 形 Marx 发生器电路图

R_g—接地电阻;R—充电电阻

2. 正负充电的 S 形 Marx 发生器

评价一个 Marx 发生器的好坏,主要有两个指标:一个是 Marx 发生器的稳定性;另一个是 Marx 发生器动作时间和分散性。Marx 发生器的动作时间定义为:从外触发脉冲到达第一个开关起,到最后一个开关击穿放电所需的时间间隔。一般要求一个 Marx 发生器在开关自击穿电压的 60% 时能满意地串联放电,即稳定地工作。典型的时间是 0.1 ~1 μs,其分散性为纳秒级。

为了使 Marx 发生器对脉冲形成线的充电时间尽可能短,以减轻脉冲形成线的绝缘要求,要求 Marx 发生器的电感要尽可能小。采用正负充电,这样就减少了一半的开关。从图 4-14 中可见,用了 16 个电容器、8 个火花开关、16 个充电电阻、8 个接地电阻,排列成 8 排,每排两个电容器和一个火花间隙。串联放电时,回路为 S 形电路,结构紧凑。而且,由于每排间电流方向相反,还可减小部分电感。

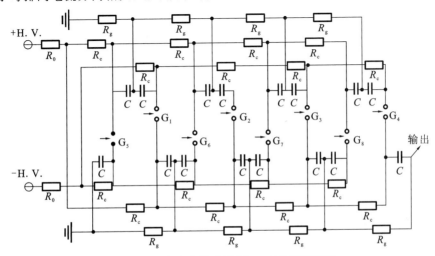

图 4-14 正负充电的 S 形 Marx 发生器电路图

3. PFN-Marx 的脉冲驱动源

使用 PFN(脉冲形成网络)代替传统 Marx 发生器内的电容,组成 PFN-Marx,原理如图 4-15 所示。PFN-Marx 为先整形后升压的技术方式,这种叠加型脉冲发生器在系统小型化、可靠性运行方面具有更多优势,因此一直是国内外研究的热点。其将升压模块和脉冲形成模块整合起来,降低了脉冲功率系统复杂度,减小了装置体积并提高了可移动性。

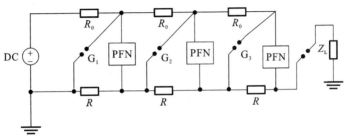

图 4-15 PFN-Marx 原理图

4. 基于 boost 转换器阵列的 Marx 发生器

用 IGBT 来替代火花开关的作用,并用 boost 转换器阵列来组成脉冲发生器。该脉冲发生器不需要脉冲变压器和高压直流电源,而且具有以下特性:上升时间短、波峰平整、高重频、易于形成高电压脉冲,以及便于用 boost 转换器阵列进行扩展。

如图 4-16 所示,整个电路结构是由 IGBT、电容、电感和二极管组成的,显然这是一个 boost 转换器阵列。当输出脉冲的占空比比较低($\leqslant 0.01$)时,我们可以忽略电容 boost 电压的放电电流。在电感电流连续的情况下,第 n 个电容上的电压可以表示为

$$U_{cn} = U_{cn-1} \frac{1}{1-D}, D = \frac{T_{on}}{T_S} \tag{4-27}$$

式中:D——占空比;

$\qquad T_{on}$——脉宽;

$\qquad T_S$——脉冲周期;

$\qquad U_{cn}, U_{cn-1}$——第 n 个和第 $n-1$ 个电容的电压。

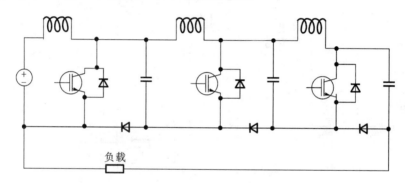

图 4-16 IGBT 作开关的 boost 转换器阵列电路结构

因此,第 n 个电容的电压为

$$U_{cn} = U_S \frac{1}{(1-D)^n} \tag{4-28}$$

式中:n——boost 转换器的个数。

整个电路的工作可以分成以下 3 种状态。

状态 1:电路中没有电流流动。电容电压保持为输入电压值,二极管和 IGBT 是关断的。因此,器件上所加电压都是输入电压,不需要高压隔离。

状态 2:这时所有 IGBT 导通,电容串联。输出电压加在负载上,其值与串联电容电压的和呈比例。这样,输出端存在高电压,因此需要在脉冲周期将输出端与低压端隔离。

状态 3:IGBT 关断后,输入电压通过电感、二极管向电容充电。

这 3 种状态是在假设所有参数理想的前提下提出的。但是,在实际电路中,驱动信号的延时会导致开关上电压的差异。幸运的是,电路结构本身能将这个问题解决。这是由于相同的串联电容和二极管与 IGBT 并联,提供了钳制电压,从而提供了过电压保护。

　　该电路由于开关开通的时候产生高压脉冲,因此需要对电路进行严格的隔离。因为采用了半导体元件,与普通的脉冲发生器不同,该发生器有寿命长和频率高的特点。

　　输出电流的最大值应当小于开关的脉冲电流承受值。如果几千伏的输出电压加到一个短路负载上,则会在几微秒或几亚微秒内有极大的电流流过负载。因此,应当基于短路电流能力来选取开关。

5. 基于全桥级联式 Marx 发生器

　　典型全桥级联式 Marx 拓扑结构如图 4-17 所示,其工作原理如下:当充电过程为 S_{1-1},S_{1-2},$\cdots$,S_{N-1},S_{N-2} 处于导通状态,其他开关处于关断状态,此时高压电源通过对电容进行并联充电。此时所有的电容电压与高压直流电源电压相同。在电容充电完成后,开关 S_{1-3},S_{1-4},$\cdots$,S_{N-3},S_{N-4} 闭合,其他开关断开,二极管都处于反向截止的状态,电容 $C_1 \sim C_N$ 串联对外放电,此时负载上电压为 N 个电容串联正极性电压。反之,S_{1-5},S_{1-6},$\cdots$,S_{N-5},S_{N-6} 闭合,此时负载输出为负极性电压。

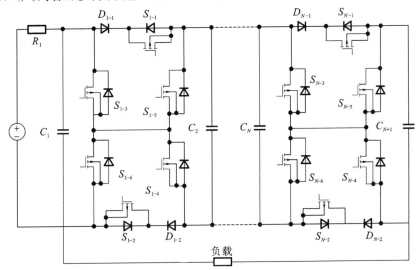

图 4-17　全桥级联式 Marx 拓扑结构

4.6　电容储能脉冲形成网络

4.6.1　脉冲形成网络的分类

　　脉冲形成网络(pulsed forming network,PFN)是脉冲功率电源组成的一部分,其主要功能涵盖能量传输、脉冲整形、功率匹配和调节。能量传输功能是把电源中的电能传输到负载;脉冲整形、功率匹配和调节功能是根据不同的负载要求输出合适的电流波形,使负载能获得尽可能大的动能,提高电源能量的利用率。

电磁轨道炮发射过程需要吉瓦级的功率供应,普通的电源难以提供如此大的瞬态功率,所以应用在电磁轨道炮发射上的电源,一般采用使用脉冲形成网络组成的脉冲功率电源。利用脉冲形成技术,先将电能储存到储能元件中,经过快速压缩和转换,把所储存的能量通过有效的方式提供给发射器,这实质上是放大了系统的输入功率,从而可以获得较大的输出功率。

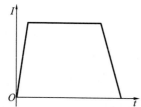

电磁发射技术的主要依据是洛伦兹定律:当电流通过磁场时,产生同电流和磁场成垂直方向的力,该力可以使带电物体推动发射体加速前进。理想情况下,电磁发射所需要的脉冲驱动电流波形如图 4-18 所示。

图 4-18　理想的脉冲驱动电流波形

脉冲电流的上升时间短,微秒级,幅值可以达到千安级甚至兆安级,而且维持时间长。单个脉冲功率源模块难以达到要求。这就需要多个脉冲功率源模块同时或者时序放电,以取得近似的电流波形。这样,多个脉冲功率源模块组成了一个庞大的时序放电系统。为了取得理想波形,就需要对整个脉冲功率源系统的放电过程及特性进行分析,找出放电电流的变化规律及影响电流波形的因素,最大限度地掌握网络特征,从而优化网络结构,提高脉冲功率源系统的性能。

脉冲形成网络是由若干电容和电感按一定方式连接起来,并能产生具有较大脉宽的电流和电压波形输出的集中参数回路。它的工作过程是:首先,用市电或者电池向网络储能系统充电使其先储存一定的能量,然后网络对负载放电并在负载上获得所需的波形。电容储能脉冲功率源的脉冲形成网络可以分为以下两类。

1. 多模块 RLC 放电回路并联结构 PFN

研究表明由多个 RLC 放电回路并联的电路结构简单,放电电流的脉宽、波形可调性好。为了减小电流曲线的纹波,可采用时序控制的多模块并联结构脉冲形成网络。但受控环节多,易受电磁场的干扰。

采用单级脉冲形成网络虽然电路简单,但是放电电流很难满足要求,如果要求脉冲长度足够长,势必要提高电流的峰值,这对器件的性能指标要求很高。器件在工作中由于导通电流过大,耐压值过高,造成损坏的概率就会大大增加,而且往往难以制造过高耐压和过大电流的电容、半导体开关器件,因此在实际的电磁发射系统中,大多采用多级脉冲形成网络作为电源。多级脉冲形成网络采用多个小功率脉冲形成网络并联或串联构造而成,可以按照一定的时间顺序放电得到所需要的电流值和脉冲宽度。由于采用多级串联或并联方式,在电路设计中往往可以采用较低耐压和较小电流的器件构成,这给设计大功率脉冲形成网络电路提供了一条可行的技术路线。电容储能式脉冲形成网络是目前电磁发射试验研究中最常采用的电路,图 4-19 所示的为多模块电路结构图。

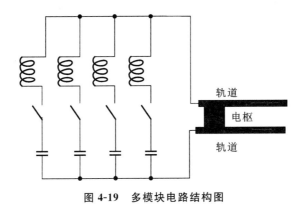

图 4-19　多模块电路结构图

2. 用集中电感器和电容器组成链式电路形成的传输线结构的网络

特点是输出功率曲线平坦,输出阻抗在放电过程中稳定,与负载匹配好,电路中使用的大功率开关少,无须时序控制,抗电磁干扰能力强,但这种结构的输出脉冲电流的波形单一,难以满足电磁发射研究过程中对输出电流、输出脉冲电流波形可调的要求。

图 4-20 为链式电路传输结构。

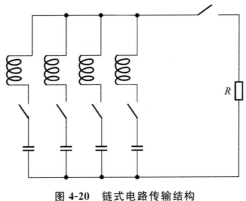

图 4-20　链式电路传输结构

为了分析电流网络,应首先认识表征方波的傅里叶级数,即

$$I(t) = I_m \left[\sin(\omega t) + \frac{1}{3} \sin(3\omega t) + \frac{1}{5} \sin(5\omega t) + \cdots \right] \tag{4-29}$$

只有这个级数增大到无限,它才能代表真实的方波。因为高次谐波的幅值减小得异常快,所以可用一些有限数目的元件近似地表征形成线。

当电源 U_0 接到五级网络上时,暂不计幅值的电流谐波为

$$I(t) = \alpha \left[\frac{1}{Z_1} \sin(\omega_1 t) + \frac{1}{Z_3} \sin(\omega_3 t) + \frac{1}{Z_5} \sin(\omega_5 t) + \frac{1}{Z_7} \sin(\omega_7 t) + \frac{1}{Z_9} \sin(\omega_9 t) \right] \tag{4-30}$$

比较式(4-29)和式(4-30),C 形 Guillemin 网络产生合理的振荡条件为

$$\begin{cases} Z_1 = 1, Z_3 = 3, Z_5 = 5, Z_7 = 7, Z_9 = 9 \\ \omega_1 = \omega, \omega_3 = 3\omega, \omega_5 = 5\omega, \omega_7 = 7\omega, \omega_9 = 9\omega \end{cases}$$

网络第 n 单元的特征阻抗为

$$Z_n = n \sqrt{\frac{L_1}{C_1}} = \sqrt{\frac{L_n}{C_n}} \tag{4-31}$$

谐振角频率为

$$\omega_n = (L_n C_n)^{-\frac{1}{2}}$$

脉冲宽度是基频周期的一半,即

$$\tau = \frac{\pi}{\omega_1}$$

4.6.2　脉冲形成单元

电炮所用的能量异常高,脉冲比较宽。视不同用途,电源储能范围应在 $10 \sim 10^3$ MJ,脉冲宽度为 $5 \sim 10$ ms。通常采用多模块并联结构。每一个模块单元称为脉冲形成单元(PFU)。

多模块 RLC 放电回路并联结构的 PFU 的基本组成单元如图 4-21 所示。

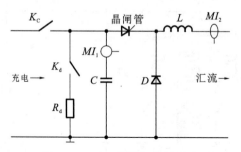

图 4-21　PFU 模块电路原理图

脉冲电容器用来储存系统所需的电能。脉冲电容器具有良好的脉冲放电特性,内电感极小,但反向电压对其寿命影响很大,需添加保护措施。这种电容器具有高比能、低固有电感、高能量释放效率、长寿命等优点,利于电源实现小型化、轻量化和高可靠性。

电抗器用于控制电流的脉宽和幅度。另外,在电容储能的脉冲功率系统中,电抗器还具有中间储能的作用。这就要求电抗器的设计具有低损耗、低漏磁通、体积小、高能量密度等特点。由于通过很大的脉冲电流,在电抗器线圈内部产生极高强度的磁场,会造成铁磁材料磁饱和。同时考虑到电抗器体积及磁场能量散失等因素,我们在脉冲电源系统中使用了具有平面螺旋结构的电抗器。

开关器件是脉冲形成网络的重要组成部分。它的状态导通或关断决定着脉冲形成网络工作状态。脉冲形成网络能否输出理想波形,与开关元件的正常工作与否有很大的关系。在脉冲功率源系统中,大功率开关器件包括主回路放电开关和大功率硅堆。

　　在脉冲功率源系统中,放电开关是关键器件。一方面,它可以把充电回路与放电回路隔离开,保证充电回路对电容器组电源的正常充电;另一方面,电容器组充电完毕后,它又能及时接通放电回路,把电容器组储存的能量在短时间内释放给发射器负载,以产生脉冲电磁力。因此,在高压大电流的工作条件下,开关的通流能力、耐压能力及承受浪涌电流的能力都是决定其能否正常工作的关键因素。目前常用的大功率放电开关主要有大功率晶闸管开关和三电极球隙开关。

　　其中,大功率晶闸管开关是固态半导体开关,具有可控性好、开通时间短、体积小、使用简单等优点。在脉冲功率系统中,大功率晶闸管要承受极高的脉冲电流和电压,单个晶闸管尚不能达到要求,必须多组晶闸管器件串并联使用。在脉冲功率系统中,大功率晶闸管工作在高压、大电流状态,其承受的浪涌电流冲击能力、di/dt、最大正反向耐压、施加于导通状态的大功率晶闸管反向 dv/dt 的能力是使其正常工作的关键问题。

　　续流开关安装在储能电容器的两端,被称为 crowbar。当电容器电压开始反向时,续流硅堆导通,为电抗器中的能量释放提供回路,避免对电容器的反向充电。同时,续流硅堆对放电电流的整流及提高脉冲功率源的能量效率方面也起到很大的作用。它是保证输出电流波形的关键。二极管控制方便,重复频率高。但是单个二极管的通流、耐压能力尚不够大,承受 di/dt 能力不够。故大功率续流开关由多个二极管串联组成。这就要求组成硅堆的二极管单元必须具有相近的静态、动态特性。尤其是动态特性的一致性。这对要承受脉冲高电压冲击的硅堆来说,特别重要。为了保证硅堆安全,采用静态均压的方法,即选用大阻值的电阻与二极管单元并联,防止单元器件承受过高反向电压而导致击穿。

　　上述 PFU 模块的放电过程分为两个阶段,第一个阶段电容放电,模块中形成一个RLC 回路;第二个阶段续流二极管导通,电感器放电,形成一个 RL 回路。这种放电阶段划分方法忽略了器件杂散参数的问题,也没有考虑晶闸管和二极管导通和截止的动态过程。根据续流二极管和晶闸管位置的不同,除了前面学习的一种(Ⅰ型),有研究人员提出了Ⅱ型结构,如图 4-22 所示。

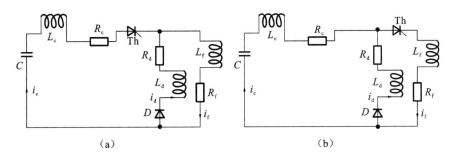

图 4-22　两型 PFU 模块

(a)Ⅰ型;(b)Ⅱ型

由于杂散参数的存在,两型 PFU 模块放电过程中都会在脉冲电容器上产生反向电压,由于脉冲电容器一般为金属化膜电容器,反向电压会对金属化膜电容器的自愈特性造成影响,导致寿命降低,因而需要避免电容器长时间的反向电压。

图 4-22 中,R_c 和 L_c 分别为电容支路等效串联电阻和等效串联电感;R_d 和 L_d 分别为续流支路等效串联电阻和等效串联电感;R_f 和 L_f 分别为负载支路等效串联电阻和等效串联电感。各支路等效串联电阻和等效串联电感都包括支路上所有器件本身的杂散参数及线路杂散参数,比如,R_f 包含了调波电感器内阻、同轴电缆电阻、负载电阻等,而 L_f 包括了调波电感、同轴电缆电感、负载等效串联电感等。

放电过程分为三个阶段,如图 4-23 所示。

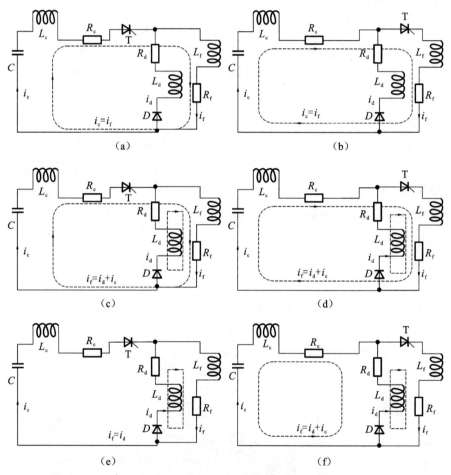

图 4-23　当考虑线路阻抗和杂散参数时两型 PFU 模块工作过程

(a)Ⅰ型 PFU 模块第一阶段放电;(b)Ⅱ型 PFU 模块第一阶段放电;(c)Ⅰ型 PFU 模块第二阶段放电;

(d)Ⅱ型 PFU 模块第二阶段放电;(e)Ⅰ型 PFU 模块第三阶段放电;(f)Ⅱ型 PFU 模块第三阶段放电

两型对比分析,Ⅰ型 PFU 模块如果没有 L_c,当电容电压为零时,二极管承受正压导通,但由于电流在减小,L_c 上感应电压反向使得二极管不能马上导通,因此电容反向充电,当 $u_c = 0$,$u_{Rc} + u_{Lc} < 0$ 时,续流二极管没有导通,电容反向充电;当 $-u_c + u_{Rc} + u_{Lc} > 0$ 时,续流二极管导通,进入第二个阶段,由于二极管电感的作用,电流缓慢上升,电容仍然反向充电,续流支路电流逐渐增大,电容支路电流逐渐减小为零,进入第三阶段,晶闸管断开,电容充放电通道被截止,只有二极管续流回路。Ⅱ型 PFU 模块第一阶段和第二阶段与Ⅰ型 PFU 模块相同,所不同的是进入第三阶段后,晶闸管一直处于导通状态,电容通过二极管反向放电,当放电电压为零时,电流方向不变,给电容正向充电,充电电流减小至零,则电容正向通过晶闸管放电,一直衰减振荡至电容电压为零,具体对比如下。

Ⅰ型 PFU 模块:

(1)放电开关不导通全部电流,寿命延长;

(2)不宜用于以感性阻抗为主导的发射负载;

(3)器件容量水平相对较低;

(4)在续流期间电容须承受反压。

Ⅱ型 PFU 模块:

(1)充电时,续流二极管承受充电电压的反向冲击;

(2)放电时,由杂散参数引起的电流尖峰对续流二极管造成冲击;

(3)放电开关在整个导通过程中都将通过大电流,对开关要求高;

(4)续流期间电容电压衰减振荡至零。

4.7 电感储能脉冲发生器

与电容储能相比,电感储能有如下特点:储存磁能。工作在低电压条件下,绝缘要求等级低,降低了对初级电源的电压需求;储能密度较大,整个装置的体积小;关断大电感电流时,由于电流的突变和充电回路中的漏磁场能量,使得在关断开关两端产生很大的电压,对关断开关和关断电路要求高。

4.7.1 电感储能脉冲波形产生方法

电感储能脉冲功率系统中需要实现初级储能系统中的能量到电感再传递到负载的过程,需要断开大电流,如果直接开断对断路开关有很高的要求,而且会产生很高的脉冲电压。目前,国内外学者围绕克服电感储能的缺点,充分发挥其多方面的优势,对电感储能脉冲电源多种拓扑单元进行了较为深入的研究。meat grinder 和 XRAM 是两种基本的电流脉冲压缩拓扑结构。国内外学者都是基于这两种基本拓扑结构或基本思路开展电感储能脉冲电源相关研究的。

1. XRAM 拓扑结构

采用 XRAM 拓扑结构的法德联合实验室 ISL(French-German Research Institute of Saint-Louis),早期研制 IPPS 主要用在电热化学炮领域,曾设计出以脉冲发电机为初级电源补充充电和放电等效电路 XRAM 电流倍增原理与 Marx 电压倍增原理对偶。在 Marx 电路中,电容通过从电压源并联充电转换为串联放电,从而产生一幅值约为各电容电压之和的输出电压。而在 XRAM 电路(见图 4-24)中,电感通过从电流源串联充电转换为并联放电,从而产生一幅值约为各电感电流之和的输出电流。

如图 4-24 所示,开关 S_1 闭合、S_2 断开时,电感串联,通过电源 U_S 充电;当断开 S_1、闭合 S_2 时,电感并联放电,负载电流为各电感电流相加,是急剧上升的脉冲电流;断开 S_1 则等效于一个较大的电阻,将会在断路开关两端产生一个高峰值的脉冲电压。S_1 的关断电流和耐受电压要满足要求。

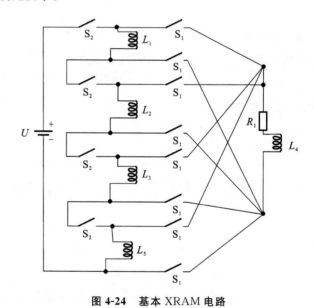

图 4-24　基本 XRAM 电路

2. meat grinder 电路

meat grinder 是利用磁通压缩原理实现电流倍增的。基本 meat grinder 电路如图 4-25 所示。通过开关 S_1 的闭合由 U_S 给两耦合电感 L_1 和 L_2 充电,当 L_1 和 L_2 中的电流达到预定值时,S_1 断开,同时 S_2 闭合。如果两个电感是全耦合的,S_1 断开后,L_1 中的能量将会全部转移到 L_2 中,L_2 中的电流会急剧上升。由于 L_2 与负载相连,负载中也会得到急剧上升的脉冲电流。但是实际的两电感是很

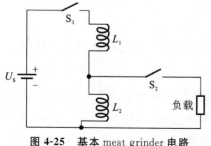

图 4-25　基本 meat grinder 电路

难做到全耦合的。当 L_1 断开时，L_1 中的漏磁通将会试图维持 L_1 中的电流，从而在 S_1 两端产生高电压。此外，对于电磁线圈炮这样的大电流感性负载还有一个不容忽视的问题：由于负载中的感性分量，突变的电流将会在负载两端产生高电压，一般地，为了得到较大的电流倍增效果，L_1 比 L_2 大，这也同时带来了电压的倍增，倍增的反电动势会加在 S_1 两端。所以，要重点考虑关断开关 S_1 的要求，即其关断电流和耐受电压。

3. 超导脉冲变压器

前述的放电模式虽然能够在一定程度上满足负载的要求，但是仍然需要不断探索新型的符合要求的脉冲放电模式。从 20 世纪 80 年代开始，国际上提出基于超导脉冲变压器（见图 4-26）的脉冲电源的概念。基于超导脉冲变压器的脉冲功率电源放电模式种类较多，主要包括失超型放电模式、具有限压结构的电

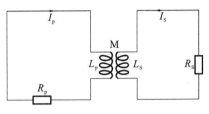

图 4-26　超导脉冲变压器等效电路

源放电模式以及自耦式电源放电模式等。许多学者设计了实验装置对其进行测试研究。

超导变压器原边[①]线圈 L_p 是由超导材料制成的，副边[②]线圈 L_s 是由常规材料制成的，两个线圈之间耦合形成变压器。电源向超导线圈 L_p 充电，利用超导开关实现原边闭环运行。没有失超之前，副边没有电流，只有原边失超，电流迅速减小，副边才能感应出电流，设超导线圈中通过电流 I_p，由于原边电阻为零，能量无损耗地储存。此时，原边线圈电压为零，可知副边电流 I_s 也为零。当触发原边线圈失超时，线圈会产生失超电阻 R_p，I_p 随之减小，同时副边感应出电流 I_s。

4.7.2　晶闸管逆向换流技术

在 XRAM 和 meat grinder 两种基本电路中的开关 S_1 属于断路开关，需要关断大电流，因此需要选用全控器件（如 IGBT 或 IGCT 等），这类开关的价格高，容量小，目前最大断流能力为千安级（<4 kA），因此很难产生用于实际发射的电流。

对脉冲轨道炮来说，通常需要高达上百千安的负载电流。在现阶段大功率电容储能脉冲功率电源研究中，虽然对 IGBT、IGCT、GTO、MOSFET 有一定的研究并有一些突破，但通流能力还无法满足大电流系统的要求：假设电流放大倍数一定，对断路开关的承受电流能力仍提出了很高的要求。在实际中经常选用可重复开合的 IGCT 作为系统的开关，但是 IGCT 的通流能力十分有限，不适用于脉冲电流及电压较高的系统。很明显，当负载需要一个大电流，即需要一个高能系统时，IGCT 具有很大的局限性。晶闸管能够

---

　① 　原边又称为一次。
　② 　副边又称为二次。

承受较大的电流,能够满足断路开关的各种要求,并且其价格便宜。虽然其不能自行关断,但是实际操作可通过增加逆流回路来实现晶闸管的可靠关断,因此可将晶闸管用作电感储能脉冲功率电源的开关。

晶闸管能够很好地满足脉冲功率系统中对开关的大脉冲通流能力、承受较高工作电压的性能要求。但晶闸管不能通过门极实现关断的特性。为了解决这个问题,通常采用晶闸管逆向换流技术(inverse current commutation with semiconductor,ICCOS)。在系统中加入一个逆向脉冲发生支路,这个支路形成的电流实现了晶闸管的关断。

晶闸管逆向换流电路图如图 4-27 所示,电路的放电过程可以分为三个阶段,如图 4-28

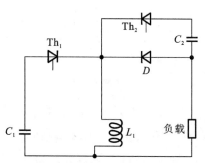

所示。第一阶段是主回路晶闸管 Th_1 开通后,初级储能电容 C_1 向电感放电。第二阶段是关断回路晶闸管 Th_2 开通后到主回路晶闸管关断,在这个阶段,C_2 通过晶闸管 Th_2 放电,形成反向电流脉冲,将晶闸管的电流减小到零。第三阶段是关断电容通过电感负载这条回路放电,同时电感通过负载、换流硅堆将电感中的能量释放到负载中。

图 4-27 晶闸管逆向换流电路图

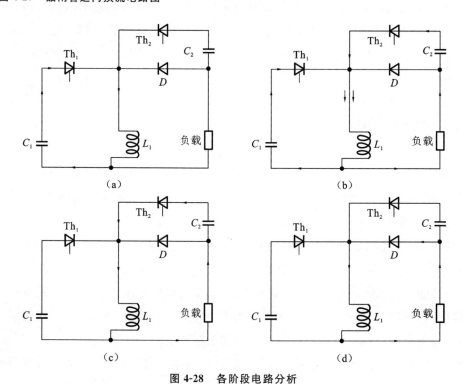

图 4-28 各阶段电路分析

(a)第一阶段;(b)第二阶段 1;(c)第二阶段 2;(d)第三阶段

第一阶段主要是由初级储能电容 C、晶闸管、电感 L、电路导线的电阻和器件的内阻

R 组成。在晶闸管通过门极触发后，会形成一个 RLC 串联放电电路，通过分析电路可得电容电压和电感电流分别为

$$u_c = \frac{U_0}{\omega\sqrt{LC}}e^{-\delta t}\sin(\omega t + \varphi) \tag{4-32}$$

$$i = \frac{U_0}{\omega L}e^{-\delta t}\sin(\omega t) \tag{4-33}$$

可以看出电流与电压都呈震荡变化，电压呈正弦振荡衰减，振荡频率为

$$f = \frac{1}{2\pi}\sqrt{\frac{1}{LC} - \left(\frac{R}{2L}\right)^2} \tag{4-34}$$

在电感中的电流达到一定值后，关断回路的晶闸管触发，这时关断回路形成的一个很大的脉冲电流关断主回路晶闸管 Th_1，这个过程在大功率脉冲功率源系统中只有几十微秒，主回路晶闸管 Th_2 的电流会逐渐减小到零，在电流减小到零后晶闸管 Th_1 上的电流并不会维持在零，它会有一个反向的电流，这是因为晶闸管的恢复电荷需要清空。在恢复电荷减小到零后，主回路晶闸管会完成一个完整的关断过程，并可以再次承受正向电压，上面是第二阶段的整个放电过程。在主回路晶闸管关断后，关断电容中剩余的电量将通过电感、负载这一回路释放。图 4-28(b)为关断电容在主回路晶闸管关断后的放电电路，它与初级储能电容的放电回路类似，是一个 RLC 放电电路，上面已经分析了这个放电过程，它的电流大小为

$$i_c = -\frac{U_0}{\omega L}e^{-\delta t_a}\sin(\omega t) \tag{4-35}$$

而电感与负载间的换流可简单地看作 RL 放电电路。

$$i_L = i_0 e^{-\frac{R}{L}t_a + c} \tag{4-36}$$

电容的放电电流与电感的换流相叠加，其大小为

$$i_R = -\frac{U_0}{\omega L}e^{-\delta t_a}\sin(\omega t) + i_0 e^{-\frac{R}{L}t_a + c} \tag{4-37}$$

这里的时间是相同的，因为电感是在主回路晶闸管关断后才开始与负载换流的，而在晶闸管导通到关断 Th_1 的这段时间内，关断电容中的能量是用于关断 Th_1 的，在关断 Th_1 后再通过电感将剩余能量释放到负载中。因此可以看出在实验所用的拓扑结构中，负载所得到的电流是一个在主回路晶闸管关断后，开始形成脉冲电流，它的大小是由电感中所存储能量大小和关断电容剩余能量所决定的。在电感储能脉冲功率源中，它的放电过程时间都在毫秒级甚至更短，因此时间参数都很小。

电感储能具有一个典型缺点，即在关断大电感电流时，由于电流的突变和充电回路中的漏磁场能量，使得在关断开关两端产生很大的电压，可能会超出半导体开关所能承受的范围，因而关断开关和关断电路是电感储能脉冲电源的关键技术。

4.7.3 基于 ICCOS 技术的电感储能脉冲形成电路

目前,XRAM、meat grinder 和脉冲变压器是用于电感储能的主要电流脉冲压缩拓扑结构。国内外学者都是基于这三种基本拓扑结构或基本思路开展电感储能脉冲电源相关研究的。

1. 采用 ICCOS 技术的 XRAM 电路

相较于 meat grinder 拓扑结构,XRAM 的最大优势是降低了对开关断开能力的要求。采用 XRAM 结构的法德联合实验室 ISL(French-German Research Institute of Saint-Louis),早期研制的 IPPS 主要用于电热化学炮领域,曾设计出以脉冲发电机为初级电源,4 级 XRAM 储能 32 kJ 的电源,其初级电流为 4 kA,脉冲宽度为 18 ms,输出电流为 16 kA,输出能量为 16.8 kJ,效率为 53%,储能密度为 1.5 MJ/m³。之后又改进了 4 级的 XRAM 参数,储能在 200 kJ 以下实现放电电流 40 kA,可以将 33 g 的弹丸在 2.1 m 短炮腔体内加速至157 m/s。

将 ICCOS(inverse current commutation with semiconductor)换流原理应用于多级 XRAM 电感储能电路拓扑结构(见图 4-29)中,可以在一定程度上限制电压,保护断路开关。工作过程主要分为以下三个阶段。

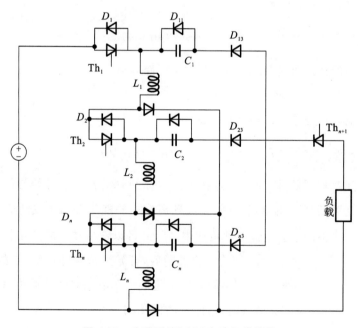

图 4-29 改进型 XRAM 电路拓扑结构

1)电容串联充电阶段

在电路工作前,电路中电容 $C_k(k=2\sim n)$ 预充电压,令晶闸管 Th_1 至 Th_n 触发,电源

给电感 L_1 至 L_n 充电，在电感的电流上升至指定大小后，触发晶闸管 Th_{n+1}。

2）电容放电换流阶段

C_1、Th_{n+1}、负载、$D_{(n-1)2}$、电源、Th_1 构成换流回路，C_k、Th_k、$D_{(k-1)2}(k=2\sim n)$、负载、Th_{n+1} 形成换流回路。通过电容的电流 i_{ck} 从零开始上升，直至与晶闸管 Th_k 电流相同，此时 Th_k 关断。C_k 仍然有残压，其将继续放电，D_k 导通，并对 Th_k 施加反压。在这个过程中，需要保持经历时间大于晶闸管的关断时间，使晶闸管可靠闭合。在 D_k 关断后，L_k、C_k、Th_{n+1}、负载、D_{k2} 形成二阶的欠阻尼系统，电容 C_k 电压逐渐下降至零。

3）并联放电阶段

并联的二极管 D_{k1} 导通，使电感 L_k 并联放电。

2. STRETCH meat grinder 电路

为了解决漏磁能量引发的过电压问题，美国先进技术研究所通过研究进一步提出了 STRETCH (Slow Transfer of Energy Through Capacitive Hybrid)meat grinder 拓扑结构。相较于之前的结构，STRETCH meat grinder 拓扑结构增加了电容 C_1，可以用来回收未被耦合的能量，并且使 L_1 中的电流下降速度不会过于急剧，以达到降低开关管 S_1 两端电压的目的。此外 STRETCH meat grinder 电路选取了全控开关管 IGCT 作为开关 S_1，目的是在电感电流达到给定值后，能够主动地关断充电回路。

图 4-30 中，电容 C 并联在电感 L_1 和 L_2 两端，由于二极管 D_1 的存在，电感充电时与 meat grinder 拓扑结构完全相同。在 IGCT 关断瞬间，由于 L_1 和 L_2 之间的耦合，使得 L_2 中的电流突增，产生的感应电压使二极管 D_2 导通；而 L_1 中的电流骤减产生的感应电压使二极管 D_1 导通，给电感 L_1 提供了一条导电通道，使电感中的漏磁能量转移到电容 C 中，从而弱化了关断开关的电压。

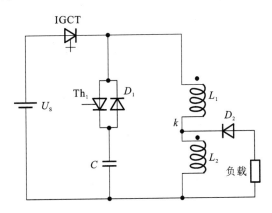

图 4-30　STRETCH meat grinder **拓扑结构**

充电阶段以 IGCT 的导通时刻为起始点，如图 4-31 所示。在该阶段，电源 U_s 经过 IGCT 向电感充电，直至电流达到给定值后，全控开关管 IGCT，充电阶段结束，进入放电阶段。

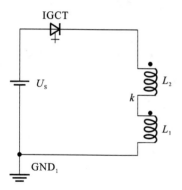

图 4-31 STRETCH meat grinder
充电阶段等效电路

充电电流达到给定值之后关断 IGCT,形成如图 4-32(a)所示的放电阶段。此时电感的电流会发生突变,具体为:L_1 中的电流急剧下降,由于两电感间的强耦合,L_1 储存能量以及 L_1、L_2 互感能量的绝大部分会转移到 L_2 中,从而使得 L_2 中的电流急剧增大,进而使得电感 L_2 两端会随之产生一个负值的感应电压,使二极管 D_2 导通,L_2 通过 R_L、L_L 以及 D_2 放电,i_{Load} 得以急速升高。

另外,L_1 电流的骤降会使 D_1 导通,漏磁能量可以由 D_1 转移到 C_1 中(电容电压下正上负),并且减缓了 L_1 电流的衰减速度,将使得开关管两端的电压得到降低。

在 L_1 电流放电完毕后,电容电压达到最大,电容电流为零,仅有 L_2 给负载放电,等效电路如图 4-32(b)所示。

电容 C 开始反向放电(下正上负),$i_C = i_{L1}$ 先反向增大再减小。等效电路如图 4-32(c)所示(方向不变,为振荡波形下半波),当 $u_C = 0$ 时,能量全部转移到负载和 L_1 上。

L_1、L_2 共同放电阶段,等效电路如图 4-32(d)所示,由于并联二极管的钳位作用,虽然 i_{L1} 不等于 0,也不能给 C_1 充电(上正下负),因此电流转移到箝位二极管 D_2 上,L_1 通过 D_3 继续给负载放电,L_2 继续给负载放电。

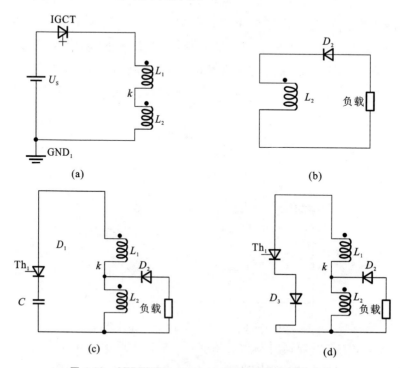

(a)   (b)

(c)   (d)

图 4-32 STRETCH meat grinder 放电阶段等效电路

(a)L_1 放电阶段(换流);(b)L_2 给负载放电阶段;(c)C 放电阶段;(d)L_1、L_2 共同放电阶段

3. STRETCH meat grinder with ICCOS 拓扑结构

采用 STRETCH meat grinder 拓扑结构能在一定程度上抑制开关的过压,并且电流放大倍数较高,负载电流可以达到充电电流的数倍以上。但由于开关管选取的是全控器件 IGCT,其价格较高且最大可关断电流较小,仅为 4 kA 左右。因此倘若采用 IGCT 作为开关管很难产生应用于实际发射的电流,这限制了 STRETCH meat grinder 拓扑结构在实际工程中的应用。为了提高电路的最大可关断电流及降低整个设备的费用,清华大学在 STRETCH meat grinder 拓扑结构的基础上应用 ICCOS 换流原理,研制出了 STRETCH meat grinder with ICCOS(带换流回路的 STRETCH meat grinder)拓扑结构。在 STRETCH meat grinder with ICCOS 拓扑结构中,晶闸管替代了 IGCT 作为主开关管,这样可以有效地提高最大可关断电流并能降低设备的成本。由于晶闸管并不能主动关断,因此引入了 ICCOS 逆流回路,用于关断开关管。

在 STRETCH meat grinder with ICCOS 拓扑结构中,STRETCH meat grinder with ICCOS 逆流回路共有三种放置方法,放置的位置不同,其拓扑结构也不相同,其拓扑结构如图 4-33 所示,图中 D_1、Th_1 和 C_1 组成逆流支路。

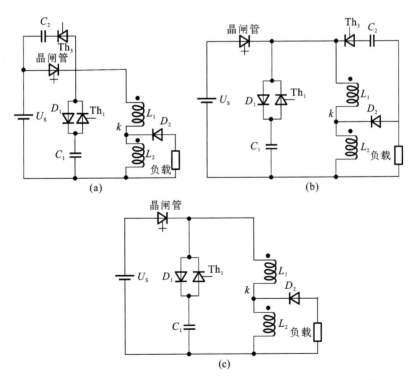

图 4-33　三种类型的 STRETCH meat grinder with ICCOS 拓扑结构

(a)拓扑结构 1；(b)拓扑结构 2；(c)拓扑结构 3

三种拓扑结构具有不同的逆流通路:STRETCH meat grinder with ICCOS 拓扑结构 1 逆流电流流经的回路是由 C_1、D_1、Th_1 组成的逆流支路→开关；STRETCH meat grinder with ICCOS 拓扑结构 2 逆流电流流经的回路是由 C_1、D_1、Th_1 组成的逆流支路→开关→主电源→负载；而 STRETCH meat grinder with ICCOS 拓扑结构 3 逆流电流流经的回路是由 C_1、D_1、Th_1 组成的逆流支路→开关→主电源。逆流回路放置的位置不同也会带来电气性能上的差异，下面就三种回路各自的特点进行简要分析。STRETCH meat grinder with ICCOS 拓扑结构最大的不同在于开关由全控器件转为半控器件，下面着重分析它们开关的关断过程。

4. 超导脉冲变压器

传统的基于超导磁储能的放电模式中电感放电电流不超过充电电流。从 20 世纪 80 年代开始，有人提出基于超导脉冲变压器的脉冲电源的概念。基于超导脉冲变压器的脉冲功率电源放电模式种类较多，主要包括失超型放电模式、具有限压结构的电源放电模式及自耦式电源放电模式等。

一方面，由于超导体在临界条件下的零电阻特性，超导脉冲变压器可以实现零电阻损耗的长期储能；另一方面，超导脉冲变压器的脉冲形成功能可以直接实现对能量进行压缩。超导储能脉冲变压器集超导储能和脉冲形成于一体，所以可使得脉冲功率系统的体积大幅度减小。超导脉冲变压器的原边线圈为超导线材或带材绕制的超导电感线圈。副边线圈可以为超导电感线圈也可以为在储能期间常导电感线圈，原边线圈的充电电流接近超导电感线圈临界电流，副边线圈中的电流为零。

超导脉冲变压器放电回路等效电路图如图 4-34 所示。超导变压器原边线圈 L_p 是由超导材料制成的，副边线圈 L_s 是由常规材料制成的，两个线圈之间耦合形成变压器。电源向超导线圈 L_p 充电，利用超导开关实现原边线圈闭环运行。设超导线圈中通过电流 I_p，由于原边线圈电阻为零，实现能量无损耗储存。此时，原边线圈电压为零，可知副边线圈电流 I_s 也为零。当触发原边线圈失超时，线圈会产生失超电阻 R_p，I_p 随之减小，同时副边线圈感应出电流 I_s。

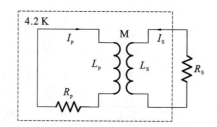

图 4-34　超导脉冲变压器放电回路等效电路图

由于 L_p 储存的大部分能量会损耗在 R_p 上，因此系统的能量传输效率较低，约为 8.9%。由于基于超导脉冲变压器的失超型放电电路中 L_p 常选用低温超导材料，虽然具有了较高的载流能力，但是受到冷却技术中液氦（4.2 K）成本的影响，利用低温超导材料制造的脉冲电源很难得到大规模的应用。高温超导材料可以在液氮（77 K）中保持超导态,但是高温超导材料的失超电阻率和失超传播率远小于低温超导材料,并不能达到系统对失超的要求。因此,将高温超导材料用于制造失超脉冲变压器并不合适,考虑通过增加限压结构的方式来改进放电模式具有很大的可行性。常用的限压结构主要有以下几种模式。

1)具有线性电阻限压结构的放电模式

如图 4-35 所示,通过脉冲变压器原边线圈并联 R_d 串联支路来增大原边线圈失超时放电回路电阻,进而降低过电压。

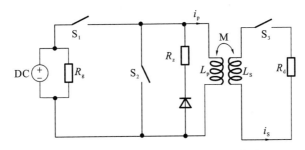

图 4-35　具有线性电阻限压结构的电源电路图

线性电阻 R_z 是限压结构的主要部分,不仅起到消耗原边线圈电感电流和增加电流变化率的作用,而且将直接影响超导电感两端的电压大小,其阻值的选择对系统的脉冲输出极为重要。

2)具有非线性电阻限压结构的放电模式

将图 4-35 所示电路中的 R_z 替换为非线性电阻 r,则构成了具有非线性电阻限压结构的电源电路。非线性电阻是由氧化锌、碳化硅等陶瓷材料制作而成的,它的阻值[①]对电压有较高的敏感度。当非线性电阻的工作电压小于转变电压时,非线性电阻的阻值极大,此支路呈现出阻断状态;当工作电压超过转变电压时,非线性电阻的阻值急剧减小,使得端电压相对保持稳定。利用非线性电阻的这种特性,能有效抑制超导电感两端过电压的产生。非线性电阻没有动作时,电压作用在非线性电阻上,非线性电阻动作后,电压作用在超导脉冲变压器的原边线圈上,非线性电阻的限压幅值越高,则非线性电阻承受的电压越高,超导脉冲变压器的原边线圈承受高压的时间就越短,非线性电阻的限压幅值越低,则原边线圈承受高压时间越长。随着原边线圈限制电压的增大,原边线圈电流衰减速度增快,负载电流脉冲峰值增加,负载脉冲的上升沿时间变短。不过,原边线圈限制电压较高时,随着原边线圈限制电压的变化,各参量的变化量较小,原边线圈限制电压较低时,各参量的变化量较大。

3)电容性限压结构的放电模式

如图 4-36 所示,当转换电路采用电容元件时,增加了一次能量转换的过程,可降低对

---

① 阻值又称为电阻值、电阻。

充电电源的要求,并且通过电容储能及放电,可以达到负载中的电流倍增的目的。在基于 HTSPPT 的放电系统中,电容性限压结构种类较多,以图 4-36 中为例说明工作的原理。S_3 通常采用二极管,S_2 可以选用全控开关,S_4 选晶闸管。

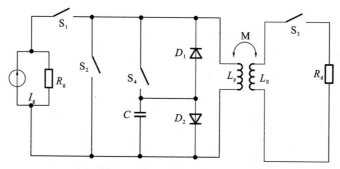

图 4-36 电容性限压结构的电源电路图

L_p 充电阶段,开关 S_1 闭合,其余开关均处于断开状态。初始电源 L_S 为 L_p 充电,等效电路图如图 4-37(a)所示。

能量存储阶段,开关 S_1 断开,S_2 闭合,L_p 被短路,能量处于储存状态,等效电路图如图 4-37(b)所示。

电容 C 充电阶段,断开 S_2,S_3 导通,D_1 导通,L_p 给电容 C 充电,直至 L_p 电流为零,负载电流逐渐上升,等效电路图如图 4-37(c)所示。

电容 C 放电阶段,S_4 闭合,电容 C 对 L_p 放电,电流反向增大至电容电压为零,同时负载电流继续增大,等效电路图如图 4-37(d)所示。

L_p 续流阶段,电容反向放电完毕,反并联二极管 D_2 导通,由 D_2 和 S_3 给 L_p 形成续流通道,L_S 继续给负载放电,等效电路图如图 4-37(e)所示。

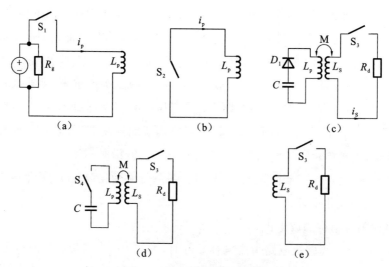

图 4-37 各阶段等效电路图

(a)L_p 充电阶段;(b)能量存储阶段;(c)电容 C 充电阶段;(d)电容 C 放电阶段;(e)L_p 续流阶段

参 考 文 献

[1] 李洪涛,刘金锋,袁建强,等.大功率固态脉冲形成线研究进展[J].强激光与粒子束, 2011,23(11):2906-2910.

[2] 梁川.螺旋型脉冲形成线和压力水介质基础性实验研究[D].北京:中国工程物理研究院北京研究生部,2003.

[3] 秦实宏,刘克富,李劲,等.高储能密度脉冲电容器保护的研究[J].高电压技术,2004 (12):40-41.

[4] 黄晓虹.一种亚纳秒高重频低抖动脉冲信号发生器的设计与实现[D].成都:电子科技大学,2018.

[5] 寇科男,刘冬,金晗冰,等.电磁脉冲模拟器快前沿高压脉冲源设计[J].安全与电磁兼容,2022(05):34-39,52.

[6] 胡益.紧凑固态化 PFN-Marx 工作特性研究[D].长沙:国防科学技术大学,2014.

[7] 贺翔,曹群生.电磁发射技术研究进展和关键技术[J].中国电子科学研究院学报, 2011,6(02):130-135.

[8] 王杰,鲁军勇,张晓,等.两型 PFN 模块的放电特性及优化[J].电机与控制学报,2019, 23(08):10-18,27.

[9] 陈树义.电磁发射脉冲功率源系统放电过程特性分析[D].南京:南京理工大学,2010.

[10] 杨玉东,王建新.脉冲成型网络对轨道炮发射效率的影响[J].火炮发射与控制学报, 2011(04):41-45.

[11] 马山刚,于歆杰,李臻.用于电磁发射的电感储能型脉冲电源的研究现状综述[J].电工技术学报,2015,30(24):222-228,236.

[12] 马山刚,于歆杰,李臻.基于 ICCOS 的 STRETCH meat grinder 电路中逆流回路的探讨[J].电工技术学报,2015,30(20):79-84.

[13] 吴锐,李海涛,王亮,等.高温超导混合脉冲变压器的研制与放电测试研究[J].低温与超导,2011,39(12):16-20.

[14] 闫强华.超导储能脉冲放电系统研究[D].成都:西南交通大学,2009.

[15] 杨卫.电感储能脉冲功率源中晶闸管断路开关研究[D].南京:南京理工大学,2016.

[16] 刘辉.基于协同工作的多个电感储能型脉冲电源模块的研究[D].北京:北京理工大学,2014.

[17] 徐清颖.基于超导储能脉冲变压器的副边延时型脉冲电源系统设计[D].成都:西南交通大学,2018.

第 5 章

脉冲功率测量技术

5.1 引　　言

　　脉冲功率技术研究的对象是高电压(如数百千伏到数十兆伏)、大电流(如数百千安到数十兆安)和快脉冲(如亚纳秒至纳秒),这对脉冲功率信号的测量工作提出了很高的要求。测量和诊断对脉冲功率装置的调试、运行、改造与提高都是不可缺少的重要手段。脉冲功率装置的研制和应用促进了各种测量和诊断技术的研究与发展。在脉冲功率技术中,快速变化的电压和电流的波形测量特别困难。这是因为,峰值达数百万伏或数百万安时,直接测量是不可行的,必须把原信号按比例缩小为较小的数值。通常,要用分压器或分流器等产生与被测量的较高电压或较大电流大致成比例的缩小信号,此信号经过电缆传输到示波器显示出来。把被测量的较高电压或较大电流转换成小信号及其传输和显示的过程中会产生固有的系统误差,与快速变化的现象有关的电磁场在测量回路中会感应出干扰电压,以致能满足大多数电子学试验的布线法,在此可能就不适用了。在脉冲功率技术测量中,被测脉冲信号主要有如下特点。

　　(1)变化迅速,脉冲前沿通常在 10 ns 级或更短。一般要求测量系统上升时间不应超过被测波形上升时间的 1/3,即亚纳秒至数十纳秒,使用于标定测量系统的方波脉冲的上升时间应与之相当或者更小。

　　(2)幅值高,电压为兆伏级,电流为兆安级。测量系统的电压范围为百伏级或更低,要求测量系统的衰减倍数为 10^4 级或更大,常采用多级分压。

　　(3)空间电磁干扰强,开关通断过程中产生的电磁波和高压测量回路中的电磁波很容易通过空间耦合等途径在低压测量回路中产生干扰,这大大降低了被测量信号的信噪比,有时干扰信号强度甚至大于真实信号。

在脉冲功率技术中对不同测量和诊断的要求差别很大,所以其测量方法多种多样。最基本的物理量是高电压 $U(t)$,大电流 $I(t)$ 和时间 t,这三个参数的测量在脉冲功率技术中起着重要的作用,测得了这三个量就可以推算出其他物理量,如功率、能量、阻抗等。

功率为

$$P(t) = U(t)I(t) \tag{5-1}$$

能量为

$$E(t) = \int_0^t U(t)I(t)\,\mathrm{d}t \tag{5-2}$$

阻抗为

$$Z(t) = \frac{U(t)}{I(t)} \tag{5-3}$$

为了记录暂态量,一般采用示波器,但是示波器所允许的输入电压一般都比较低,所以必须把较大的电流和较高的电压按比例不失真地变成较低的数值,再输入示波器记录。将冲击大电流转换为较低的电压,可以采用电流测量线圈、分流器及磁光效应等;将冲击电压变成较低电压,可以采用分压器、电光效应及光电子学等。

5.2　脉冲高电压测量方法

脉冲电源装置向负载放电过程中,脉冲电流将在负载两端产生脉冲高电压。必须通过分压器等转换装置构成的脉冲高电压分压系统进行峰值及波形的测量。分压器的作用是将高达几百千伏或几兆伏的冲击高电压转换成示波器等记录仪能够测量的低电压。

脉冲高电压分压器有电阻分压器、电容分压器、阻容分压器三种。

5.2.1　电阻分压器

电阻分压器结构相对简单,一般由高电阻率的金属线或液体制成。图 5-1 所示的为理想的电阻分压器,包括高压臂电阻 R_1(电阻值较大)和低压臂电阻 R_2(电阻值较小)两部分。被测的脉冲高电压 U_1 加在高压臂的输入端,则在分压器中产生的电流为

$$I = \frac{U_1}{R_1 + R_2}$$

在分压器低压臂输出的电压为

$$U_2 = IR_2 = \frac{U_1 R_2}{R_1 + R_2}$$

所谓分压比 k 为

$$k \approx \frac{R_1}{R_2}, R_1 \gg R_2 \tag{5-4}$$

这是理想无畸变电阻分压器的分压比,也就是说理想分压器是纯电阻性的。但实际分压器本身及回路连线存在电感,分压器的电阻元件和大地或接地屏蔽之间存在电容,以及外界电磁波的干扰等,这些都将造成测量信号失真。

图 5-2 所示的为考虑分布参数的电阻分压器,R' 为分压器的电阻元件,L' 为每个电阻元件本身的电感,C_s 为电阻元件之间的纵向电容,C_g 为电阻元件的对地电容。

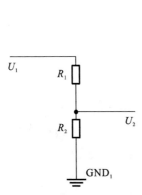

图 5-1 理想的电阻分压器

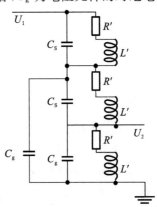

图 5-2 考虑分布参数的电阻分压器

我们知道,电感具有阻碍电流变化的作用。对于由电感和电阻串联组成的电路,当输入电压 U_1 是一个直角波时,电阻上的电压不再是直角波而是一个缓慢上升的波形,而且 L/R 的数值越大(把 L、R 分别看成是分压器的总电感和总电阻),波形的畸变就越大。所以在设计分压器时,应当尽量减小本身的电感,如采用无感绕法的金属丝电阻分压器就是为了减小电感。一般要求 L/R 的允许值小于被测波形上升时间 t_r 的 $1/2$,即

$$\frac{L}{R} < \frac{t_r}{2}$$

例如,$R = R_1 + R_2 = 3 \text{ k}\Omega$,被测脉冲电压的上升时间 $t_r = 20 \text{ ns}$,则要求 $L/R < 20/2$,这样需要 $L_g < 3 \text{ }\mu\text{H}$。一般分压器的纵向电容可忽略,而其对地电容是影响分压器精度的主要原因。

在实际的分压器中,由于电阻元件和大地或接地屏蔽之间存在着电容 C_g,在加上一个电压后,就有电流流过这些电容,这些电容就起到了分流的作用。因此,流过电阻 R_1 的电流不再等于流过电阻 R_2 的电流,如图 5-3 所示,$I_1 > I_2$,这就是产生误差的原因。

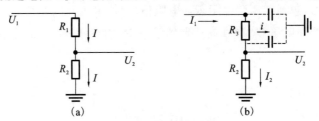

图 5-3 分压器中的电流

(a)理想的分压器;(b)实际的分压器(i 为流过对地电容的电流)

流过对地电容的电流大小与电压频率、电容量都有关。因为容抗 $X_C=1/(\omega C)$，频率越高，容抗就越小，从对地电容中流过的电流就越多。同理，电容越大，对地电容的分流作用就越强。

经计算可得，分压器低压臂 R_2 输出的电压 U_2 为

$$U_2 = \frac{R_2}{R_1+R_2}U_1\left[1+2\sum_{n=1}^{\infty}(-1)^n\exp\left(-\frac{n^2\pi^2}{C_gR}t\right)\right] \tag{5-5}$$

式中：C_g——分压器的总的对地电容；

R——分压器的总电阻，$R=R_1+R_2$。

从式(5-5)可知，当 $C_g\to 0$ 时，$U_2=\dfrac{R_2}{R_1+R_2}U_1$，这就是理想的分压器。当 $C_g\neq 0$ 时，对地电容的存在使 $U_2\neq\dfrac{R_2}{R_1+R_2}U_1$ 成立，从而造成了分压器的误差。

由上述考虑 C_g 后可以求出电阻分压器的上升时间 t_r 与 C_g 的关系。上升时间是指以理想分压器的输出电压为基值(标幺值为 1)，实际分压器的输出电压从 0.1 上升到 0.9 所需要的时间，当 $U_2=0.1$ 时，有

$$0.1=1+2\left[-\exp\left(-\pi^2\frac{t_1}{C_gR}\right)+\exp\left(-4\pi^2\frac{t_1}{C_gR}\right)-\exp\left(-9\pi^2\frac{t_1}{C_gR}\right)+\cdots\right] \tag{5-6}$$

解得

$$\frac{t_1}{C_gR}=0.07 \tag{5-7}$$

当 $U_2=0.9$(标幺值为 1)时，解得

$$\frac{t_2}{C_gR}=0.3 \tag{5-8}$$

即

$$t'_r=t_2-t_1=0.23C_gR \tag{5-9}$$

这是分压器本身的上升时间 t_r 与 C_gR 的关系式。C_gR 越小，分压器的上升时间就越小，这说明分压器的误差就越小。

对地电容是造成分压器误差的主要原因，设计分压器时应当尽量使 C_g 小一些。但在电压等级高的情况下，分压器的尺寸不能做得太小，因此 C_g 也就相应较大。为了减小误差，需要在高压端加一个屏蔽罩，用于补偿从对地电容中流走的电流，即形成屏蔽式电阻分压。

屏蔽式电阻分压器可以做到这样的水平：电压为 1 MV 时，响应时间为 5 ns；电压为 1.9 MV 时，响应时间为 15 ns。

通过以上对电阻分压器本身误差的分析，可以得到下面的重要公式，即

$$\begin{cases}0.23C_gR<t_r\\[2mm]\dfrac{L}{R}<\dfrac{t_r}{20}\end{cases} \tag{5-10}$$

这是我们设计电阻分压器时必须满足的条件。

电阻分压器的上升时间 t_r 取决于分压器本身的总电阻 R 和对地杂散电容 C_g。总电阻 R 越大，上升时间越长。如果 R 固定，对于同样的分压比，被测电压值越高，则所需分压器的总电阻越大，这样将导致其上升时间增加。测量电压等级高、前沿快的脉冲电压时，如果 R 不能太小，则需要采用两级或多级电阻分压器系统进行测量。例如，当分压器的低压电阻都固定为同轴电缆的匹配电阻 $500\ \Omega$，对于 1000 的分压比，采用单个分压器时其总电阻为 $50\ \text{k}\Omega$，如果通过两级分压系统进行分配，一、二级分压器的分压比分别为 100 和 10，对应的总电阻分别为 $5\ \text{k}\Omega$ 和 $0.5\ \text{k}\Omega$，这能大大缩短分压器的总上升时间。

5.2.2　电容分压器

用示波器显示脉冲高电压波形时，也经常采用电容分压器。电容分压器的频率响应可以做得很宽，在良好结构的电容分压器中，其带宽可达 1500 MHz，它的输入阻抗差不多，可认为是"开路"，因此对被测电路的影响较小。电容分压器的接线图如图 5-4 所示。高压臂的电容为 C_1，其电容值应大于 5 pF，以避免杂散电容的影响，电容 C_1 承受高电压，它的绝缘应足以耐受所测的高压。电容 C_1 和 C_2 都应具有较小的内电感值，而且电容值应比较稳定，不随周围气候条件的变化而变化。为了减小同轴电缆引起的畸变，同轴电缆应尽可能短。例如，采用 $Z_0 = 50\ \Omega$ 的聚乙烯同轴电缆时，其长度最好不要超过 14 m。

图 5-4(a)所示的为电容分压器低压测量端的一般接法，这种分压器的分压比 k 为

$$k = \frac{U_1}{U_S} = \frac{C_1 + C_2}{C_1} \tag{5-11}$$

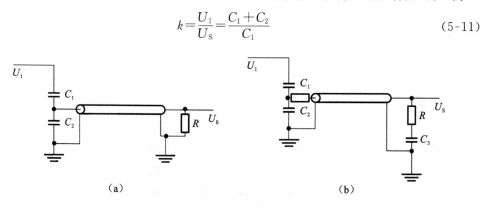

图 5-4　电容分压器的接线图

(a)单端匹配；(b)两端匹配

当被测电压为直角波时，由图 5-4(a)线路所测得的波形为指数衰减波形，这是由于电容 C_2 对电阻 R 放电的结果。为了不使波形下降，即不让电容 C_2 放电，电容分压器的低压测量端可采用如图 5-4(b)所示的接线方式，此时 $R = Z_0$，并要求 $C_1 + C_2 = C_3 + C_k$，C_k 为电缆的对地电容。这种接法的分压器，其分压比 k 为

$$k = \frac{U_1}{U_S} = \frac{2(C_1 + C_2)}{C_1} \tag{5-12}$$

5.2.3　阻容分压器

阻容分压器是指在电容分压器中引入电阻以产生阻尼寄生振荡。如图 5-5 所示,阻容分压器的接线方式有两种:并联式和串联式。当满足条件 $C_1 R_1 = C_2 R_2$ 时,阻容分压器的分压比和电容分压器一样,即

$$k = \frac{U_1}{U_2} = \frac{C_1 + C_2}{C_1}$$

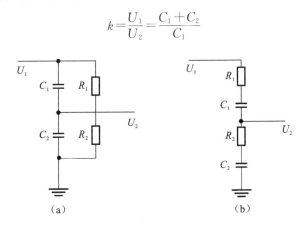

图 5-5　阻容分压器的原理图

(a)并联式;(b)串联式

目前,使用较多的阻容分压器多为串联式阻容分压器,即高压臂和低压臂均由电阻和电容元件串联构成,如图 5-6 所示。按阻尼电阻大小的不同,阻容分压器可分为高阻尼阻容分压器和低阻尼阻容分压器两类。高阻尼阻容分压器是指阻尼电阻较大的阻容分压器,其电阻值大致上可按 $R = 4(L/C_e)^{1/2}$ 的关系来选择,其中 L 为分压器自身的电感,C_e 为分压器对地的杂散电容。兆伏级以上的分压器,R_1 为 $400 \sim 1200\ \Omega$。低阻尼阻容分压器是指阻尼电阻较小的阻容分压器,它是把较低的阻尼电阻分散布置到高压臂的内部,可对低频和高频振荡起到一定的阻尼作用。

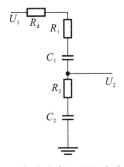

图 5-6　串联式高阻尼阻容分压器

　　高阻尼阻容分压器在转换高频时利用电阻的转换特性,而在转换低频时利用电容的转换特性,即初始时按电阻分压,最终按电容分压。为使两部分的分压比一致,要求两种转换特性相互同步,高阻尼阻容分压器需要测试试品,在高压引线上串联的阻尼电阻 R_d 通常需要包含在电阻转换特性里,为此要求

$$(R_1 + R_d)C_1 = R_2 C_2 \qquad (5\text{-}13)$$

　　高阻尼阻容分压器的电阻 R_1 超过高压引线的波阻抗。当试品具有一定的电容量时,它相当于导线的匹配电阻,阻值一般为 $300 \sim 400\ \Omega$。满足式(5-13),有

$$\frac{U_1}{U_2} = \frac{C_1}{C_1 + C_2} \qquad (5\text{-}14)$$

　　串联式低阻尼阻容分压器如图 5-7 所示,低压臂只有电容 C_2,没有电阻,在这种分压器中无论高频部分、低频部分或起始部分,最终都要依靠电容转换特性。C_2 上电压的上升受高压臂时间常数($C_1 R_1$)的控制,为减小误差,要求此时间常数不大于被测波形波前时间的 0.1 倍。

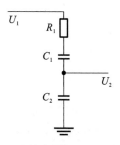

图 5-7　串联式低阻尼阻容分压器

　　分压器的电容 C 和分压器及引线的总电感 L 会产生低频振荡,振荡周期为 $T = 2\pi\sqrt{LC}$,消除低频振荡的临界电阻为 $R = 2\sqrt{L/C}$。在选择阻尼电阻时,若不考虑另加低压臂的电阻 R_2,则常为减小响应时间而宁肯使波形稍带振荡,选取

$$R_1 = (0.25 \sim 1.5)\sqrt{\frac{L}{C}} \qquad (5\text{-}15)$$

式中:L——整个测量回路的电感值;

　　　C——分压器的电容值。

　　对兆伏以上的分压器,R_1 为 $50 \sim 300\ \Omega$。选择 R_1 时应使它与分压器本身的波阻抗一起形成高压引线的终端匹配电阻。R_1 分布在高压臂内,在分压器的外端可无阻尼电阻或只放置一个数值不高的阻尼电阻,且这个阻尼电阻是分压器的一个组件。

　　串联式低阻尼阻容分压器串联的阻尼电阻很小,它的接入不会对试验回路的标准波形带来较为明显的影响,它可兼做负荷电容使用,是一种通用分压器。从使用性来看,其比串联式高阻尼阻容分压器的优点更多,但从响应特性来看其不如高阻尼阻容分压器,且还带有一定的振荡。

5.3　脉冲大电流的测量方法

5.3.1　分流器

分流器实质为串接在被测电路中的低阻值电阻器($0.1\sim100$ mΩ),用分流器和示波器组成的测量脉冲大电流系统的原理图如图 5-8 所示。

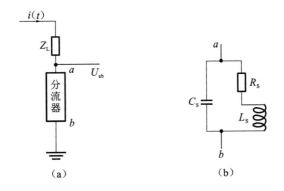

图 5-8　脉冲大电流系统原理图

(a)分流器串接在被测电路中;(b)分流器等效电路

分流器的接入应该不影响放电电路,并且能不失真地测量电流波形。实际的分流器元件除电阻外还包括杂散电感和电容,其电容值一般为皮法级,电容支路的容抗相对较大,可认为被测电流都从电阻与电感的串联支路中流过。分流器两端的电压可表示为

$$u_{ab}(t)=R_{S}i(t)+L_{S}\frac{\mathrm{d}i}{\mathrm{d}t} \tag{5-16}$$

由于杂散电感 L_S 的存在,分流器输出电压 $u_{ab}(t)$ 与被测电流 $i(t)$ 不同相。只有在杂散电感 L_S 为 0 时,$u(t)$ 才能不失真地反映被测电流波形,这时有

$$u_{ab}(t)=u_{RS}(t)=R_{S}i(t) \tag{5-17}$$

因此,设计和制作分流器时,都必须尽量减小自身杂散电感。

测量脉冲大电流的分流器具有多种形式,按结构来分大致有三类:同轴式、对折式和盘式。图 5-9(a)所示的为同轴式分流器,它主要由两个同轴圆筒构成,被测脉冲电流可由屏蔽外筒流入,再从内筒流出(或流向相反)。内筒为金属箔卷焊而成的分流器小电阻元件,被测电流所产生的磁场几乎都限制在内外筒之间,内筒内部无磁场,这样可以减小

杂散电感的影响。内筒与芯线及屏蔽外筒之间都使用绝缘材料隔开。绝缘材料不但起绝缘作用,同时还能防止内外筒因电动力作用而变形。通过示波器测量内筒小电阻上的电压降,根据电阻值可获取脉冲电流波形。同轴式分流器因电感小、屏蔽好、试验回路接地方便,故应用较广泛。

图 5-9(b)所示的为对折式分流器,下方为电流输入、输出接线端,电缆接头为电流测量端,使大小相等、方向相反的电流尽量靠近而减小杂散电感。

图 5-9(c)所示的为盘式分流器,一般为薄膜金属圆盘(环状圆盘),内外边缘可作为电流的输入端和输出端(例如,内外边缘分别连接同轴电缆末端的内外导体),同时也作为测量端。电流在薄的电阻盘中径向均匀流动,测量信号受杂散电感影响很小,适用于测量快速变化的电流。盘式分流器也可由大量小阻值电阻并联组成,电阻的一端与圆心相连,另一端连接成圆盘的外环。

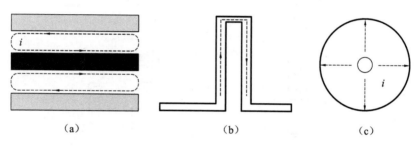

图 5-9　常用分流器的几种结构形式

(a)同轴式分流器;(b)对折式分流器;(c)盘式分流器

设计分流器时除尽量减小电感的影响外,还应注意以下问题。

(1)减小趋肤效应的影响。如同轴式分流器的方波响应时间为

$$T = \frac{\mu d^2}{6\rho}$$

式中:μ,ρ——材料的磁导率和电阻率;

　　d——电阻圆筒的厚度。

测量快速变化的脉冲大电流时,趋肤效应会影响分流器的方波响应时间。

(2)电阻本身会受到电磁力作用。当脉冲大电流流过同轴式分流器时,产生的磁场力使内外筒之间相互排斥,外筒向外膨胀,内筒向内压缩。如果内筒太薄则会被挤坏,为了避免这种情况发生,在内筒中需再衬上一个绝缘筒作支撑。

(3)热容量的限制。脉冲大电流流过分流器时,由于脉冲大电流持续时间很短,来不及散热,全部热量都为电阻所吸收。电阻吸收热量后温度上升,温度太高会在电阻中引起较大的热应力,从而造成分流器损坏。一般,允许温升不超过 100 ℃。

在利用分流器测量脉冲大电流时,考虑到测量安全,接线时分流器 R_S 的一端应为被测电路的接地点或离接地点最近。

5.3.2　Rogowski 电流测量线圈

电流测量线圈又称为 Rogowski(罗戈夫斯基)线圈,它是脉冲功率技术中测量脉冲大电流最常用的一种传感器。它的特点是:结构简单,和被测回路没有电线直接连接,测量范围宽广,电流幅值可在数十千安级到数百万安级,脉冲上升时间为纳秒级到微秒级、毫秒级等。电流测量线圈的基本原理是电磁感应原理和全电流定律。

任何一个随时间变化的电流总是伴随着一个随时间变化的磁场,在环绕电流闭合路径 c 上放置线圈,则由于电磁感应原理,将在线圈两端产生感应电动势。假设线圈截面 S 上磁场处处相等,线圈匝数为 N,沿闭合路径 c 上绕制均匀,如图 5-10 所示。

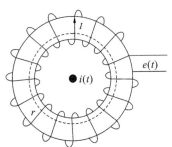

图 5-10　电流测量线圈原理简图

线圈两端感应电动势大小 $e(t)$ 为

$$e(t) = \frac{\mathrm{d}\varphi}{\mathrm{d}t} = -\frac{\mathrm{d}}{\mathrm{d}t}\oint_c B \cdot S\mathrm{d}N \tag{5-18}$$

式中:S——线圈截面积,其值为

$$S = \pi\left(\frac{d}{2}\right)^2 \tag{5-19}$$

根据全电流定律,有

$$\oint_c B\,\mathrm{d}l = \mu\,i \tag{5-20}$$

可以解得

$$e(t) = \frac{\mathrm{d}\varphi}{\mathrm{d}t} = -\frac{\mathrm{d}}{\mathrm{d}t}\oint_c B \cdot S\mathrm{d}N = \frac{SN\mu}{2\pi r}\frac{\mathrm{d}i}{\mathrm{d}t} = -M\frac{\mathrm{d}i(t)}{\mathrm{d}t} \tag{5-21}$$

即线圈两端感应电压与被测电流变化率成正比。这就是通常所说的电流线圈的微分接线方式,可直接测量电流的变化率。比例系数 M 为电流路径和测量线圈之间的互感,即

$$M = \frac{SN\mu}{2\pi r} \tag{5-22}$$

式中:M——电流路径和测量线圈之间的互感,线圈的重要参数;

μ——磁导率,$\mu = \mu_0\mu_r$,μ_0 为真空磁导率,μ_r 为相对磁导率。

当考虑电流线圈截面上磁场强度不均匀时,M 为

$$M = \frac{SN\mu}{2\pi r}\frac{2}{1+\sqrt{1-\left(\dfrac{d}{D}\right)^2}} \tag{5-23}$$

式中:d——线圈截面直径;

D——电流测量线圈直径。

当截面为方形时,线圈截面宽度为 b 的 M 为

$$M=\frac{SN\mu}{2\pi r}ln\sqrt{\frac{1+\frac{b}{D}}{1-\frac{b}{D}}} \tag{5-24}$$

线圈两端感应电压和电流与时间的变化率成正比。所以,为了得到与电流成正比的信号,就必须加积分器,通常以无源的 RL 或 RC 四端网络作积分器,也可用有源电子积分器。下面分析电流线圈的积分接线方式。

1. 具有 RL 积分器的测量电路

这种线圈又称为自积分式电流线圈。假设铁芯线圈为圆环形,磁通量为 Φ_i,磁场强度 H 的方向和铁芯截面 S 的法线方向一致;$r\gg d/2$,铁芯截面 S 上 H 处处相等,磁芯为均匀介质,磁导率 μ 只随 $i(t)$ 变化。图 5-11(a)所示的为自积分式电流线圈的原理示意图,图 5-11(b)所示的为自积分式电流线圈的等效电路图。

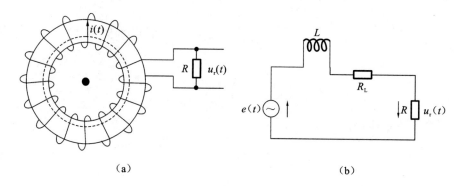

图 5-11 RL 积分式电流线圈的原理图

(a)原理示意图;(b)等效电路图

$e(t)$—测量线圈中的感应电动势;R_L—测量线圈中的电阻;R—信号电阻;

$i(t)$—测量回路中的电流;$u_r(t)$—信号电阻上的电压;L—测量线圈的电感

根据等效电路图,列出的方程为

$$e(t)=L\frac{di}{dt}+(R_L+R)i(t) \tag{5-25}$$

$$L=\frac{d\Phi_i}{di}=\frac{SN^2\mu_0}{2\pi r}\left(\mu_r+i(t)\frac{d\mu_r}{di}\right) \tag{5-26}$$

空心线圈的电感为

$$L_0=\frac{SN^2\mu_0}{2\pi r} \tag{5-27}$$

联立式(5-25)和式(5-26),解得

$$-\frac{SN\mu_0}{2\pi r}\left(I(t)\frac{d\mu_r}{di}+\mu_r\frac{dI(t)}{dt}\right)=\frac{SN^2\mu_0}{2\pi r}\left(\mu_r+i(t)\frac{d\mu_r}{di}\right)+(R_L+R)i(t) \tag{5-28}$$

当 $R_L + R \ll \omega L$ 时,有

$$-\frac{L_0}{N}\left[I(t)\frac{\mathrm{d}\mu_r}{\mathrm{d}i} - \frac{L_0}{N}\mu_r\frac{\mathrm{d}I(t)}{\mathrm{d}t}\right] = L_0\mu_r\frac{\mathrm{d}i(t)}{\mathrm{d}t} + L_0 i(t)\frac{\mathrm{d}\mu_r}{\mathrm{d}i} \qquad (5\text{-}29)$$

这是一个整齐的微分方程式,不论 μ_r 随时间如何变化都能满足

$$I(t) = -Ni(t) \qquad (5\text{-}30)$$

即自积分电流线圈,当满足 $R_L + R \ll \omega L$ 时,被测电流和电流线圈中感应电动势所形成的电流成正比,而且 ω 越大,就越能满足式(5-30),ω 是被测脉冲电流频率的下限。使用铁芯的电流线圈,由于漏磁通和磁饱和的影响,使被测电流幅值受到限制,因此适合于测量较小电流($10^4 \sim 10^5$ A),电流频率一般在 500 kHz 以下,测量时采用铁芯电流线圈较好。

2. 具有 RC 积分器的测量电路

RC 积分式电流线圈的原理示意图如图 5-12(a)所示,其等效电路图如图 5-12(b)所示。

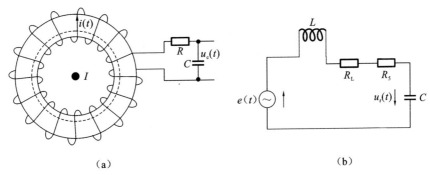

（a）　　　　　　　　　　　　　　　　（b）

图 5-12　RC 积分式电流线圈的原理图

(a)原理示意图;(b)等效电路图

根据等效电路图,列出的回路方程为

$$e(t) = L\frac{\mathrm{d}i(t)}{\mathrm{d}t} + (R_L + R)i(t) + \frac{1}{C}\int i(t)\mathrm{d}t \qquad (5\text{-}31)$$

考虑铁芯线圈,铁芯相对磁导率为 μ_r,有

$$-\frac{L_0}{N}\left[\mu_r\frac{\mathrm{d}I(t)}{\mathrm{d}t} + I(t)\frac{\mathrm{d}\mu_r}{\mathrm{d}i}\right] = \left(R_L + R + \frac{\mathrm{d}\mu_r}{\mathrm{d}t}\right)i(t) + L_0\mu_r\frac{\mathrm{d}i(t)}{\mathrm{d}t} + \frac{1}{C}\int i(t)\mathrm{d}t \qquad (5\text{-}32)$$

若

$$\begin{cases} R_L + R \gg \dfrac{1}{\omega C} \\ R_L + R \gg \omega L \end{cases} \qquad (5\text{-}33)$$

可得

$$-\frac{L_0}{N}\frac{\mathrm{d}(\mu_r I)}{\mathrm{d}t} = (R_L + R)i(t) \qquad (5\text{-}34)$$

因此

$$\mu_r I(t) = \frac{-N(R_L + R)C}{L_0} u_c(t) \qquad (5-35)$$

式中：$u_c(t)$——电容器两端的电压值。

当被测电流幅值不大时，$\mu_r =$ 常数，铁芯运行在非饱和区。可得 RC 积分的电流为

$$I(t) = \frac{N(R_L + R)C}{\mu_r L_0} u_c(t) \qquad (5-36)$$

被测电流频率上限 $\omega_上$ 由感抗决定；频率下限 $\omega_下$ 由容抗决定。研制电流测量线圈时要特别注意线圈的屏蔽问题。我们所测的电阻 R 上的电压，只是电流 I 所产生的磁通经过线圈时产生的，而不让其他外来磁通经过线圈，所以把线圈放在铁盒内屏蔽起来，不使杂散磁场进入线圈。但是为了使被测电流 I 的主磁场能够进入线圈，在屏蔽盒的内侧开有一条缝隙。图 5-13 所示的为 Rogowski 线圈的结构示意图。

图 5-13　Rogowski 线圈的结构示意图

5.3.3　B-Dot

Rogowski 线圈由于精确度高、频率响应特性好的特点，在目前脉冲电流测量方面应用最为广泛。

B-Dot 是一种结构特殊的 Rogowski 线圈，主要用于测量变化的磁场，也可以通过测量变化的电流建立的变化磁场达到间接测量电流的目的。B-Dot 结构简单，放置方式灵活，进行脉冲电流测量时，不需要将线圈穿过被测回路，与脉冲电流回路没有直接的电气连接关系，不会改变被测电流回路的设计，不会引入额外的分布参数，因此，较 Rogowski 线圈更为适合应用在对体积和回路参数有严格要求的情况。

1957 年，俄罗斯学者 Artsimovich 等人首次提出了磁探针的测量方法，自此，B-Dot 磁探针便广泛地用于等离子体内部磁场测量、磁绝缘传输线和直线感应加速器等存在大电流设备中的脉冲电流的测量。相对于 Rogowski 线圈，B-Dot 能感应到的磁场面积更小，因此对脉冲电流磁场强度要求相对较高。目前，B-Dot 测量技术主要应用在等离子体或磁绝缘传输线等设备中，其脉冲电流通常为兆安级，持续时间纳秒级，电流所产生的磁场强度大。而千安级短脉冲电流，所产生的磁场强度较小，均匀性较差，这增加了通过磁

场测量脉冲电流的难度。

位置固定的单根长线电流测量模型如图 5-14 所示,根据安培环路定律,可得与线电流相距 D 处的磁感应强度为

$$B = \frac{\mu_0 I}{2\pi D}$$

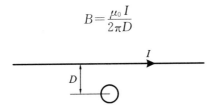

图 5-14　位置固定的单根长线电流测量模型

通过探头测量磁场 B 和测量点与电流之间的距离 D 即可计算出电流 I。探头实际装配存在误差,并且趋肤和邻近效应使电流的等效位置不固定,使得电流和探头间的距离不易预先测量。为了测量位置变化(未知)的单根线电流的波形,可以利用双探头的方法,位置变化的单根长线电流测量模型如图 5-15 所示,把探头到电流的距离也作为未知量,仅需预先测量两探头间的相对距离,即可通过测量磁场计算电流波形。

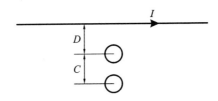

图 5-15　位置变化的单根长线电流测量模型

距离线电流近端的 1 号探头测量的磁感应强度为 B_1,远端 2 号探头测量的磁感应强度为 B_2,1 号探头与线电流之间的距离为 D,两探头之间的距离为 C,则有

$$B_1 = \frac{\mu_0 I}{2\pi D}, B_2 = \frac{U_0 I}{2\pi (D+C)} \tag{5-37}$$

可得

$$I = \frac{2\pi C}{\mu_0 \left(\frac{1}{B_2} - \frac{1}{B_1} \right)} = \frac{2\pi C (B_1 B_2)}{\mu_0 (B_1 - B_2)} \tag{5-38}$$

在两个探头测量得到暂态磁场波形后,只需知道两个探头之间的相对距离 C,即可得到暂态电流波形。

对位置变化的双根长线电流,可以增加探头数量来求解更多的位置量。首先,分析探讨三探头法,其计算过程烦琐,然后,对模型做简化,用双探头实现对双根长线瞬态电流的测量。

1. 三探头法

三探头测量位置变化的双根长线电流测量模型如图 5-16 所示,此时的未知量有三个:探头距离两根线电流的距离分别为 D_1 和 D_2,线电流大小为 I(两根线电流大小相等、

方向相反）；三个探头排列在垂直线电流的直线上；相对线电流由近及远分别为 1 号、2 号和 3 号探头，所测量的磁感应强度分别为 B_1、B_2 和 B_3；1 号探头与近端线电流之间的距离为 D_1，与远端线电流之间的距离为 D_2，1 号和 2 号探头之间的距离为 C_1，1 号和 3 号探头之间的距离为 C_2，可得

$$B_1 = \frac{\mu_0 I}{2\pi D_1} - \frac{\mu_0 I}{2\pi D_2} \tag{5-39}$$

$$B_2 = \frac{\mu_0 I}{2\pi(D_1 + C_1)} - \frac{\mu_0 I}{2\pi(D_2 + C_1)} \tag{5-40}$$

$$B_3 = \frac{\mu_0 I}{2\pi(D_1 + C_2)} - \frac{\mu_0 I}{2\pi(D_2 + C_2)} \tag{5-41}$$

对方程(5-38)～方程(5-40)联立求解，三元非线性方程组求解烦琐，要按实际情况对解筛选，需要对其进一步简化。

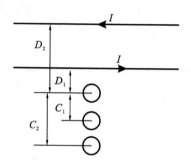

图5-16 三探头测量位置变化的双根长线电流测量模型

2. 双探头法

双探头法测量位置变化的双根长线电流测量模型如图 5-17 所示，因为采用双探头法，只能列两个方程进行计算，因此需要把未知量简化为两个。考虑到远端线电流对磁场的贡献相对近端电流较小，且远端线电流距离远，位置波动对磁场的影响相对较小，设 D_2 为常数。此时的未知量只有 I 和 D_1，可得

$$I = \frac{2\pi}{\mu_0} \frac{B_1 B_2 (C_1^2 D_2 + C_1 D_2^2)}{D_2^2 B_1 - (C_1 + D_2)^2 B_2} \tag{5-42}$$

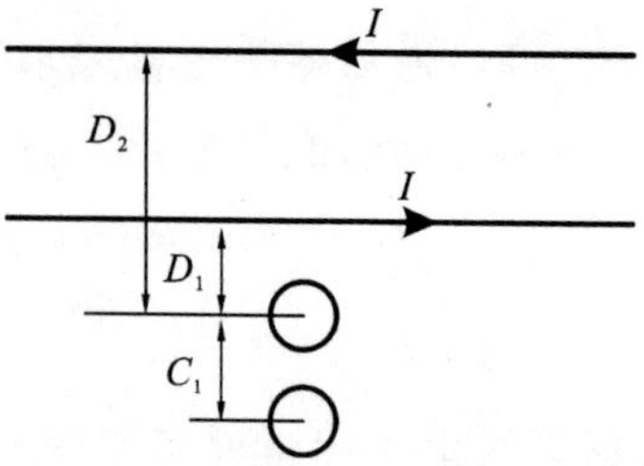

图 5-17 双探头法测量位置变化的双根长线电流测量模型

5.3.4 磁光效应法

在高电压技术、脉冲功率技术等领域脉冲大电流的测量是经常遇到的问题。传统的测量方法是用分流器、罗戈夫斯基线圈等来测量电流等参量。而这些传统测量方法都要采用高频同轴电缆,把信号从传感器引入示波器等记录设备,这样就有可能带入干扰或引入高电压,影响测量精度,严重的甚至可能造成仪器的损坏及对操作人员的伤害。特别是在一些特殊条件下,不宜使用电缆等导电材料进行实际测量时,则可采用磁光式电流传感器。由于磁光式电流传感器是基于法拉第效应而发展起来的一种无源电流传感器,以光纤来传输信息,而光纤是用石英等材料制成的,其绝缘性能好,不会拾取杂散电磁场的干扰,对被测电流(或磁场)的影响非常小。

基于法拉第磁光效应的电流测量技术具有响应快、精度高、测量范围大、绝缘性能好、抗干扰能力强等优点,是一种极有发展前途的大电流测量技术,深受国内外研究者的重视。

磁光效应,即法拉第旋转效应(Faraday rotation effect),其示意图如图 5-18 所示。当线性偏振光束(注入光)以平行磁力线方向通过处于磁场中的磁光材料时,则输出光的偏振面发生旋转,且旋转角为

$$\theta = \mu VLH \qquad (4\text{-}43)$$

式中:V——费尔德常数;

μ——磁光材料的磁导率;

L——磁光材料的长度;

θ——线偏振光振动面的旋转角。

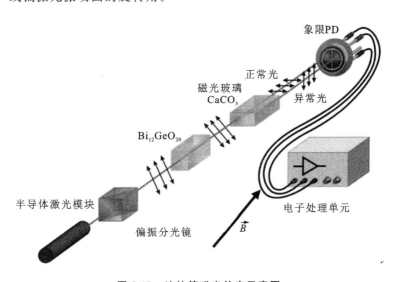

图 5-18 法拉第磁光效应示意图

振动面的旋转方向取决于 H 的方向与光线方向相同抑或相反。沿光线方向看去,设 H 的方向与光线方向相同时的 θ 为正,则 H 的方向与光线方向相反时的 θ 为负。电流 i 的方向发生变化,H 的方向发生相应变化,从而在光线方向不变的情况下,使 θ 的正负发生相应变化。由上述可知,在测量点到导线中心的距离 r、V、L 确定及光线方向不变的情况下,如果测出 θ,便可得知电流 i。

这种技术主要采用具有法拉第磁光效应的光纤和磁旋光玻璃两种敏感元件进行电流测量。具有法拉第磁光效应的光纤价格高,且存在双折射的问题。磁光式电流传感器大致可分为两类,一类是利用磁光材料和多模光纤构成的磁光式电流传感器,另一类是利用单模光纤的光纤式电流传感器。

1. 磁光材料和多模光纤构成的电流传感器

图 5-19 所示的磁光式电流传感器是一种利用磁光材料和多模光纤构成的电流传感器。其用磁光玻璃(具有磁光效应的玻璃)作为传感单元,当一束线偏振光通过置于磁场中的磁光玻璃时,线偏振光的偏振面会在平行于光线方向的磁场作用下旋转。根据磁光效应和安培环路定律可知,偏振面旋转的角度 θ 和产生磁场的电流 I 间有如下关系:

$$\theta = \mu_0 V \int_l H \cdot \mathrm{d}l = VKI \tag{4-44}$$

式中:V,K——均匀常数。

由式(4-43)可知,角度 θ 和被测电流 I 呈正比,通过检测偏振光偏振面、偏振角度的变化,就可间接测量出被测导体中的电流值。

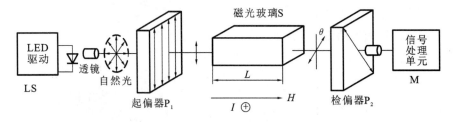

图 5-19　磁光式电流传感器的构成

具体的传感器的工作原理如下:光源(发光二极管 LED 或半导体激光器 LD)发出的自然光(非偏振光),经过起偏器 P_1 后变成线偏振光,磁光玻璃 S 处在被测电流 I 产生的磁场中,当偏振光通过 S 后偏振面旋转了一个角度。旋转角的大小与磁场强度成正比,也就是与被测电流的大小成正比。然后,光线再经过检偏器 P_2(P_1 和 P_2 偏振轴方向成 45°夹角),将光偏振面旋转角的变化转化为光强的变化。最后通过 P_2 的光线由信号处理单元 M 中的光电二极管(PIN)再将光强的变化转换成相应大小的电信号。经过信号处理单元 M 中的电子线路进行信号放大及滤波电路的处理,得到 θ 的大小,即能得到被测电流。

2. 单模光纤电流传感器

图 5-20 所示的为全光纤磁光式电流传感器的示意图,其与图 5-19 所示的传感器的唯一区别是:传感单元由具有磁光特性的单模光纤替代了磁光玻璃。这种类型的传感器灵敏度可以做得较高,且其灵敏度可根据传感光纤在被测电流回路中的匝数灵活确定。但由于单模光纤存在双折射效应,其灵敏度受温度、振动和弯曲等因素的影响也较大。目前全光纤磁光式电流传感器可用于一些对灵敏度和安装有特殊要求的测量场合,但在一般实际工程中的应用还比较少。

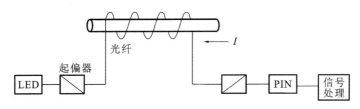

图 5-20　全光纤磁光式电流传感器的示意图

参 考 文 献

[1]喻剑辉,张元芳.高电压技术[M].北京:中国电力出版社,2006.

[2]韩英杰.纳秒脉冲信号的测量与波形重建[D].北京:中国科学院电工研究所,2004.

[3]张建永,贾云涛,岳伟.一种测量脉冲大电流的改进分流器设计[J].电子测量技术,2013,36(06):25-28,63.

[4]张建永,胡耀元,贾云涛,等.脉冲电流测量方法分析与比较[J].计测技术,2015,35(03):10-13,47.

[5]王珏,张适昌,严萍,等.用自积分式罗氏线圈测量纳秒级高压脉冲电流[J].强激光与粒子束,2004(03):399-403.

[6]谭榕容,冉汉政,程刚.基于 B-Dot 的 kA 级短脉冲电流测量方法[J].太赫兹科学与电子信息学报,2015,13(06):990-994,999.

[7]朱卫安,刘国瑛,侯鑫瑞,等.基于法拉第磁光效应的大电流测量技术[J].电焊机,2014,44(01):22-25,67.

第6章

脉冲功率技术应用

6.1 电磁发射技术应用

6.1.1 电磁轨道炮系统

如图 6-1 所示,电磁轨道炮的基本工作原理为:首先由储能装置充电电源向发射电源充电,待初级能源储存的能量达到了发射所需要的能量时,储能能源停止充电,充电过程结束。发射时,发射电源向电磁轨道炮放电,与电感器共同组成脉冲形成网络,向电磁轨道炮提供所需的工作电流。电枢与导轨具有良好的电接触,电流经过导轨、电枢后流回电源,构成闭合回路。流经轨道、电枢的电流在它们围成的区域内形成强磁场,该磁场与流经电枢的电流相互作用,产生强大的电磁力,推动电枢和置于电枢前的弹丸沿轨道加速运动,直至将弹丸发射出去。至此发射过程结束。由于导轨具有一定的储能作用,弹丸射出炮口的瞬间,导轨中电流依然很大,残余大量能量。为了提高整个系统的能量利用率,要把这些残余的能量利用储能装置进行存储,回馈给发射电源,待下次发射时继续使用。

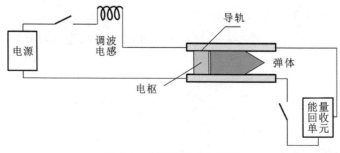

图 6-1 电磁轨道炮结构图

工程领域通常采用的做法是,在一项工作开展以前,首先需明确要达到的目标。例如,将一个质量为 1 kg 的物体 m 加速到 3 km/s 的炮口速度 v,炮口动能 W 为 4.5 MJ($W = \frac{1}{2}mv^2$)。假设电容器向轨道炮传输能量的效率为 50%,则电容器成储存 $W = 9$ MJ 的能量。若外电源对电容器组的充电电压 V_0 为 20 kV,则电容器的电容 C 为 0.09 F($W_c = \frac{1}{2}CV_0^2$)。

为了选定电感器,必须知道峰值电流,为此假定加速段长度 S 为 10 m,加速度(假定为常数)$a = 450$ km/s^2($V_0^2 = 2as$),于是得到平均作用力 F($F = ma$)为 0.45 MN。

为了求得平均电流 I_a 的数值,假定轨道炮电感梯度 L' 为 0.4 μH/m,由公式 $F = \frac{1}{2}L'I_a^2$ 可求出平均电流为 1.5 MA。

假设峰值电流 I_p 等于 $1\frac{3}{4}$ 倍平均电流 I_a,则峰值约为 2.6 MA。另外,假设电感器的最大磁能 W_{max} 与电容器的初始能量相等,由 $W_{max} = \frac{1}{2}LI_{pe}^2$ 可计算出电感器的电感值 L 为 5.3 μH。

电容器馈电轨道炮系统的仿真框图如图 6-2 所示,电源部分包括 n 个电容器放电模块,每个电容器放电模块由电容器放电支路和续流支路并联后与调波电感及电缆串联组成,多电容器组通过并联连接后接入轨道炮。

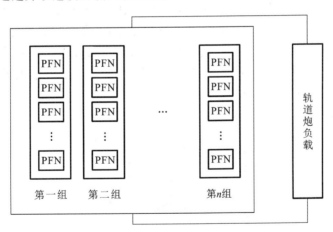

图 6-2　电容器馈电轨道炮系统的仿真框图

轨道炮部分作为负载部分,可视为随电枢运动而不断变化的电阻和电感。

PFN 的电路拓扑结构如图 6-3 所示,S 为触发控制开关,C 为储能电容,L 为脉冲形成电感,R 为电感电阻与引线电阻之和。从脉冲电源侧看,在微小时间段 Δt 内,轨道炮负载可视为恒定电压源。

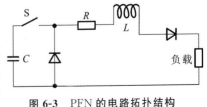

图 6-3　PFN 的电路拓扑结构

6.1.2 电磁感应线圈炮系统

重接式电磁发射器的组成原理图如图 6-4 所示,各个装置部件分为三类:一是发射前准备装置;二是重接式电磁发射器;三是参数测试装置。重接式电磁发射器主要包括脉冲电容器组 C、开关 G、激励线圈及发射体。

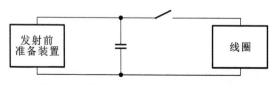

图 6-4　重接式电磁发射器的组成原理图

发射前准备装置包含两部分:一是脉冲电容器组充电装置;二是发射体初速度产生装置。为了提高系统效率,更好地发挥重接式电磁发射器的潜在优势,采用机械方式或其他电磁方式产生发射体初速度,也可以从静止开始加速。

参数测试装置主要包括脉冲电容器组电压测量装置、发射体速度测试装置及回路电流测量装置,若需要测试电磁干扰还需要空间磁场测试装置。

单级交流模式状态下重接式电磁发射器结构比直流模式简单,这种方式的工作原理是发射体放在驱动线圈内某一位置,在初始状态给脉冲电容充电,然后脉冲电容通过放电开关与驱动线圈短接。

发射体放置在线圈内某位置,如图 6-5 所示。在 $t=0$ 时闭合开关 S,充好电的脉冲电容器组向驱动线圈放电,磁力线在拉开的缝隙中重接,重接使原来弯曲的磁力线有被拉直的趋势,推动发射体向前运动。它的本质是线圈中交流电产生脉冲强磁场,基于该磁场的作用在发射体内部产生感应涡流,涡流产生的磁场与脉冲强磁场相互作用,在发射体后沿产生水平方向作用力以推动发射体运动。

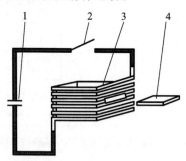

图 6-5　直流模式等效电路

1—高功率脉冲电源;2—放电开关;3—驱动线圈;4—发射体

脉冲电源的耐压有限,为了提高重接式电磁发射器的发射体速度,可以采用多级形式。这里以多级箱形线圈板状发射体交流模式重接式电磁发射器为例进行说明。多级重接式电磁发射器结构如图 6-6 和图 6-7 所示,各个装置部件分为三类:一是发射前准备装置;二是多级重接式电磁发射器;三是参数测试装置。

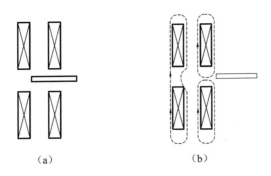

（a）　　　　　　　　　　　（b）

图 6-6　多级重接式电磁发射器结构

（a）发射体在线圈内；（b）推动发射体向前运动

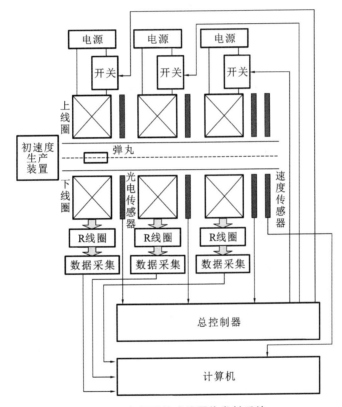

图 6-7　多级重接式线圈炮发射系统

多级重接式电磁发射器结构并不是单级结构的简单组合，主要区别是需要确定每级电源的起动时刻，即同步问题。多级重接式电磁发射器结构的发射前准备装置与单级结构类似，主要完成脉冲电容器组充电装置和发射体初速度产生装置。参数测试装置包括每级激励线圈的脉冲电流测量装置、每级电源的电压及发射体速度。第一级发射体可以静止起动也可以一定的初速度进入激励线圈，每级激励线圈安装光电传感器以用于检测发射体的位置，发射体达到预定位置时，光电传感器信号传送至总控制器，总控制器控制该级开关接通电源，后续各级系统中按照发射体位置依次接通各级电源，同时 Rogowski

线圈检测激励线圈脉冲电流,通过数据采集卡传送至上位计算机。

文献[6]中的发射实验系统使用的三级驱动线圈是相同的,都是长 125 mm、宽 105 mm、高 170 mm 的匝数为 10 匝的箱形螺旋管线圈,发射体是一块长 110 mm、宽 70 mm、厚 8 mm 的矩形实心铝板,质量为 160 g。

可以仿真出当电容器组初始充电电压为 4000 V 时某一级驱动线圈的放电流波形如图 6-8 所示,容易看出,该电流波形为一个衰减的正弦振荡波形。

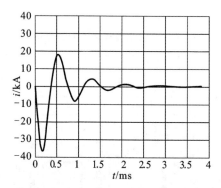

图 6-8　驱动线圈的放电电流波形

6.1.3　电磁导弹发射系统

目前火箭或者导弹的主要发射方式是:依靠其自身发动机燃烧的反冲推力或外在辅助弹射机构产生推力进行发射,在发射过程中一般都会产生大量的热能或者烟尘。在舰载导弹垂直发射系统中,导弹发射产生的大量炽热气体必须通过热管理系统的通风管道排出发射舱。在导弹飞离弹射器[①]后高温高速的燃气射流将甲板表面加热到很高的温度,且要持续一段时间。对舰船来说,这些现象是希望被避免的,尤其是具有电推进和隐形技术的未来舰船,更是不允许出现的,对隐身性能和生存能力影响很大。对大口径的电磁导弹来说,实现弹射需要更大的弹射器,而导弹发射后产生强烈的红外线或可见光,既遮蔽自己视线的同时也易暴露目标,降低舰艇等武器平台的生存能力。采用电磁弹射助推器能够很好地解决上述问题,电磁弹射助推器利用电磁线圈发射技术代替传统的热管理系统,能够有效减少发射平台的残余热量,减小被敌方发现的概率,降低了受攻击的可能性;同时电磁弹射助推器可以通过增加驱动线圈的级数或者增加电源储能助推质量更大的火箭或导弹。

电磁导弹发射系统由机械系统和电气系统组成。机械系统可以安装在装甲车、战舰或空间飞行器上,由发射壳体组件、锁止机构、插拔机构、滚动机构、电枢弹射组件和缓冲

---

①　弹射器又称为发射器。

组件等组成。电气系统则由武器控制系统、发射控制系统、储能系统、能量控制调节系统和信息交互系统等组成。与传统电磁导弹发射系统相比,机械系统增加了滚动组件、缓冲组件和电枢弹射组件,电气系统增加了能量控制调节系统和储能系统,其他系统则进行适应性改进。

以美国桑迪亚国家实验室和洛克希德·马丁公司共同合作研发的电磁导弹弹射器为例,该电磁弹射系统主要包括电磁线圈推进系统、发射控制系统、功率系统和武器控制系统。为满足模块化设计,同时能够兼容发射大部分的导弹,该系统在结构设计时没有采用最优结构参数,而将其设计为正方形。由于内部为正方形,该电磁弹射系统可以发射各种翼形的电磁导弹,兼容性好,可实现多弹种共平台发射。

图 6-9 所示的为电磁导弹发射系统的组成原理图。发射时,武器控制系统给发射控制系统发送信号,发射控制系统在收到武器控制系统发来的信号后,分别向功率系统和多单元电磁线圈发射系统发送控制信号。多单元电磁线圈发射系统在接收到发射控制系统信号的同时给予其反馈信号,形成数据交互。功率系统在接收到发射控制系统信号后,通过脉冲电流总线向多单元电

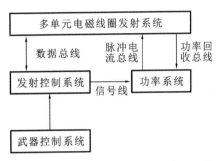

图 6-9　电磁导弹发射系统的组成原理图

磁线圈发射系统提供能源,再通过功率回收总线对功率进行回收。多单元电磁线圈发射系统在接收到发射控制系统的信号和功率系统提供的能源后,进行电磁弹射,将导弹弹出发射线圈。

电磁导弹采用电磁发射方式具有如下优点。

(1)电磁推动力大,发射导弹速度快。电磁发射的脉冲动力约为火药发射力的 10 倍,所以发射的导弹速度很快。

(2)弹体稳定性好。弹体在电磁线圈中受到的推力是电磁力,这种力是非常均匀的。而且电磁力容易被控制,所以弹体稳定性好,这有利于提高命中精度。

(3)隐蔽性好。电磁线圈发射导弹时不产生火焰和烟雾,也不产生冲击波,所以作战时比较隐蔽,不易被敌方发现。而且,它采用低级燃料作能源,非常规火药,这有利于发射平台的安全。

(4)经济性好。与常规武器比较,火药产生每焦耳能量需要约 80 元,而电磁发射只需要 8 元。如果与其他太空武器相比,电磁发射就更经济了。

(5)导弹发射能量可调。可根据目标性质和射程长短快速调节电磁力的大小,从而控制弹丸的发射能量。

虽然电磁导弹发射系统还存在着脉冲电源体积大、发射结构有待改进等一系列有待突破的关键技术问题,但是,超高的弹射速度、出色的隐身性能、良好的经济性和通用性

使得电磁导弹发射技术在军事领域有着光明的前景。随着相关技术的发展,电磁导弹发射系统将走向实用化,推动导弹发射系统的新革命。

2004年12月14日,美国桑迪亚国家实验室进行了第一次导弹电磁发射演示验证实验,充分展示了电磁导弹发射系统助推导弹的应用潜能,同时展现了电力驱动武器系统的美好前景。该电磁发射系统采用了线圈式电磁发射原理,图6-10所示的为电磁导弹发射系统的原理图,当驱动线圈接通脉冲电源时,大的脉冲电流在线圈内部产生变化的强磁场,线圈附近的金属电枢感应出强电流(涡流),涡流与强磁场相互作用产生电磁力推动电枢运动,进而受到强磁场力的作用。当磁场力大于空气阻力、摩擦力及电枢自身重力时,电枢带动负载沿磁通减小方向运动,最终达到发射有效载荷的目的。

图6-10 电磁导弹发射系统的原理图

电磁线圈发射器是利用电磁能加速火箭或类火箭的装置,基本原理类似于直线感应电动机,如图6-11所示。驱动线圈绕在定向器上,采用三相交流电激励以产生直线行波磁场,弹体上装有用于感应电流的线圈或金属套筒。由异步感应电机原理可知,驱动线圈产生的直线行波磁场速度要大于弹体速度,所形成的转差率会引起驱动线圈与弹丸的相对运动,从而产生感应电流,弹体则在磁场与感应电流共同作用形成的推力作用下运动。

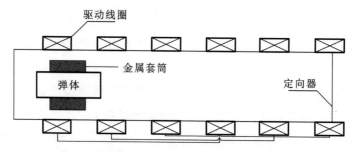

图6-11 电磁线圈发射器

传统的无控火箭按稳定方式可分为两类,一类为尾翼式,另一类是涡轮式。尾翼式火箭通过尾翼所产生的升力来保持飞行稳定,使火箭的压心移到质心后面,空气动力对火箭产生稳定力矩,迫使火箭攻角不断减小。由于稳定力矩的存在,一旦火箭出现攻角,稳定力矩将阻止攻角进一步增大,在该力矩作用下迫使火箭绕弹道切线来回摆动,并迅速衰减。涡轮式火箭由绕弹轴的倾斜小喷管组成力偶装置,在火箭发动机工作时为火箭提供旋转力,使得火箭绕自身弹轴高速旋转。受到外界扰动力矩时,力偶装置能像陀螺一样平衡外界扰动力矩,使得涡轮式火箭飞行保持平稳。

采用电磁弹射技术作为火箭发射的一级动力,从火箭启动至离轨再到火箭发动机开始工作的这一过程中,传统无控火箭保持飞行稳定的原理将不再适用,这将导致无控火箭散布增大,直接影响无控火箭武器的作战性能。因此,无控火箭在应用电磁发射技术时,应当让无控火箭在离轨时具有一定的旋转速度,来保持其飞行稳定性。在电磁弹射过程中,火箭处于磁悬浮状态,与定向器并不接触,传统无控火箭旋转采用的接触式定向钮方案无法应用,需要重新设计。

为在电磁弹射中实现无控火箭的旋转,有一种方案是采用异步电机原理,在定向器上按照一定的顺序排列驱动线圈,利用电磁感应原理产生的电磁转矩驱动弹体,使其达到一定转速。在异步电机通电后,电机内形成圆周方向的旋转磁场,转子导条通过电流与旋转磁场作用产生的电磁转矩使转子转动。定向器上的驱动线圈相当于异步电机的定子绕组,弹体上的感应线圈或金属套筒相当于异步电机的转子,弹体的旋转速度可以通过设计参数调整。

影响线圈式电磁导弹发射系统性能的因素有很多,主要有驱动线圈与感应线圈之间的磁耦合程度、两相线圈间的极距和相间距、多段驱动和激励方式。

驱动线圈与感应线圈(或金属套筒)之间的磁耦合程度对弹射器的性能有很大影响,磁耦合程度由两个方面决定:一是驱动线圈与感应线圈的径向宽度及其结构,二是驱动线圈与感应线圈在轴向的耦合长度。

实际弹射时,由驱动线圈产生的磁通与感应线圈并不能全数耦合,总会漏掉一部分,耦合的部分磁通称为互感磁通,没有耦合的部分磁通称为漏磁通。一般情况下,电磁弹射器互感磁通和漏磁通几乎一样。减少磁通损失的办法有两种:一是尽可能减小线圈径向尺寸,缩小驱动线圈与感应线圈之间的间隙;二是采用局部激励驱动线圈以缩小轴向的耦合长度,由于采用局部激励,大幅度降低了线圈的欧姆损失,可以有效提高电磁弹射器的工作效率。

由上述可知,提高火箭电磁线圈发射器的性能,可以采用缩小定向器和弹体之间的间隙、减小驱动线圈的径向宽度等方式,也可以采用多级驱动线圈分段激励的方式,从而降低磁通损失。

随着两相线圈间的极距增大,感应线圈得到的加速度波动也随之增大。也就是说,极距越小,定向器内的径向磁场波形越平稳,并且径向磁场强度峰值越大,感应线圈得到的加速度越大也越平稳。但极距减小时,磁行波速度也会减小,会影响弹体的加速效果。

因此需要综合考虑两者的影响,权衡利弊得失,达到综合性能的最优化。为使感应线圈的加速力稳定,减小弹体加速度的波动,可将感应线圈的长度设计为极距的整数倍。

相邻两驱动线圈之间的间隙就是相间距,相间距的变化也会导致径向磁场的变化,从而影响感应线圈的加速。

为使弹体在弹射过程中获取更大的速度,需要减小线圈的欧姆损失,限制弹射器的转差率,使之处于较小的状态。可以将驱动线圈分成多段,并且每段采用不同频率的电源来激励。线圈式电磁发射器可以采用电容器激励,也可以采用多相交流电驱动的方式。电容器激励方式是将储存在电容器中的电能以电流的形式转变为驱动线圈电感的磁能,再将磁能转变为感应线圈的动能。电容器激励方式具有储能密度高、放电电流大的优点,但电容器的放电时序控制很困难,而采用多相交流电作为驱动方式就不存在这个问题了,而且多相交流电也更容易获取。一般情况下,相数越多,相邻线圈的相位差就越小,磁场波形也就越平滑。

驱动线圈的电流频率对弹射器的影响较复杂,由于感应线圈是通过转差率来感应电流进而获得加速力的,而磁场的同步速度是和电流频率、极距等因素相关的。因此,要使火箭获得最大加速力,就需保持最佳的转差率。随着火箭速度的提高,同步速度也要提高,否则转差率减小,火箭的加速效果将会受影响。提高同步速度可以采用加大激励电流频率或增加驱动线圈极距的方法。另外,电流频率对径向磁场也有影响,改变电流频率可以改变磁场同步速度,却不能改变磁行波的平滑程度,也不能改变径向磁场的峰值。

6.2 定向能武器

定向能武器(DEW)被定义为能够将化学能或电能转换为辐射能并将其聚焦在目标上的电磁系统,从而导致物理损伤,进而降低、中和、击败或摧毁对抗能力。海军 DEW 包括使用发射光子的高能激光器(HEL)的系统,以及释放射频波的高功率微波(high power microwave,HPM)。美国海军使用 DEW 进行力量投射和综合防御任务,能够可靠且反复地将辐射能聚焦在范围内,达到精确和可控的效果,同时产生可测量的物理损伤。相反,提高平台或水手抵御 DEW 威胁的弹性或生存能力是反定向能武器(CDEW)计划的一部分。

美国海军研究办公室以武器为导向的研究集中领域有:高功率微波武器、反高能激光器粒子束武器。

6.2.1　高功率微波武器

20 世纪 90 年代初的海湾战争中,以美国为首的多国部队空袭的初始阶段,一批神秘的"战斧"巡航导弹在巴格达的上空爆炸。伊军在这些巡航导弹炸点附近的许多电子设备突然丧失了工作能力,这些电子设备整体上没有被摧毁,也没有遭到电子干扰和压制,但是电子设备中的一些电子器件却被神秘地毁坏了。直到战争结束,人们才通过美军公布的材料中了解到其中的奥秘。巴格达上空那些神秘的"战斧"巡航导弹,正是美军的"试验性战术型微波弹"。

高功率微波是指峰值功率在 100 MW 以上、频率为 1～300 GHz 的一种强电磁脉冲。高功率微波武器在无线电和微波频率的广谱上产生电磁能量束(窄带和宽带),对目标系统内的电子设备造成一系列暂时或永久的影响。HPM 武器主要分为电磁脉冲弹和高功率微波炮,而电磁脉冲弹是由飞机投放或导弹、火炮发射的。随着高功率微波技术的不断增强,高功率微波武器在未来战争中发挥的作用更加突出,这将是未来信息对抗、空间攻防对抗的主要武器装备。目前,世界发达国家都很重视高功率微波技术的发展,但从总体发展水平来讲,美国和俄罗斯的研究水平最高。

高功率微波武器通常由初级能源系统、脉冲驱动源系统、高功率微波器件系统、高功率微波发射系统、控制系统、跟瞄系统以及相应的运载平台组成,如图 6-12 所示。

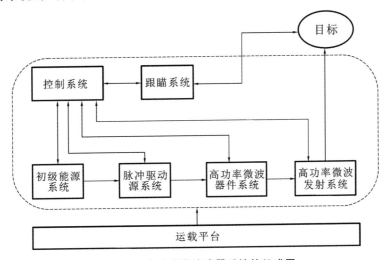

图 6-12　高功率微波武器系统的组成图

1. 高功率微波武器的特点

高功率微波武器作为新型电子对抗武器,具有以下特点。

1)全能型

高功率微波武器以接近光速的速度攻击目标,使目标瞬时被毁坏,可全天候作战,受气候影响较小。高功率微波武器适用于天基、空基、海基和陆基等多种平台。

2）毁伤面积大

为了提高高功率微波武器的作用距离，以及在远距离上具有较高的能量，高功率微波武器的天线可以把高能微波汇聚成很细小的微波束。如果所要打击的目标，对能量要求不高，如电子设备，则可以把高能微波束向一定的扇面辐射，具有宽角度、大面积毁伤能力，瞄准精度要求较低，对快速移动的目标打击效果较好。

3）无硬杀伤，成本低，效费比高

高功率微波武器不会像爆炸性武器那样，使战场上呈现出血流满地、横尸遍野的景象，高功率微波武器并不用于消灭敌方，而只对敌方的电子设备进行软杀伤，使电子设备失效，使其失去作战功能，战斗人员受到极小伤害。

2. 高功率微波武器效应

高功率微波武器通过干扰、软杀伤和硬摧毁三种效应打击飞机、导弹等空袭兵器。

1）干扰

干扰是指使用低频微波近距离干扰空袭兵器电子设备中的信息流的过程。试验表明，当使用功率密度为 $0.01 \sim 1~\mu\mathrm{W/cm}^2$ 的微波束照射目标时，能干扰在相应频段上工作的雷达、通信设备和导航系统，使之无法正常工作，但不会使电子设备永久失灵。

2）软杀伤

软杀伤是指使用中等频率的微波破坏电子设备正常工作的过程，如使用功率密度为 $10 \sim 100~\mathrm{W/cm}^2$ 的强微波波束照射目标时，可以在金属目标表面产生感应电流，此电流通过天线、导线（"前门透入"）、金属开口或缝隙（"后门透入"）可进入飞机、导弹等武器系统电子设备的电路中。较大的感应电流，会使电路功能发生紊乱，出现误码，删除计算机存储的信息。很强的感应电流，还会烧毁电路中的元器件。

3）硬摧毁

硬摧毁是指用各种微波炸弹在目标周围爆炸产生强微波，或用强微波直接照射来袭的导弹和飞机目标，使之爆炸的过程。如果高功率微波的功率足够强，如使用功率密度为 $1000 \sim 10000~\mathrm{W/cm}^2$ 的强微波波束照射目标时，能使目标壳体烧毁，在瞬间引爆炸弹、导弹、核弹等武器，或烧毁目标并杀伤人员。

3. 高功率微波生物效应

高功率微波生物效应可分为："非热效应"和"热效应"两类。

1）非热效应

"非热效应"是由较弱的微波能量照射后，造成人体出现神经紊乱、行为失控、烦躁、致盲或心肺功能衰竭等。美国克拉克大学的科学家经过实验证明：在每平方厘米上小于 $100~\mathrm{mJ}$ 能量的持续时间为 $0.1 \sim 100~\mathrm{ms}$ 的单脉冲微波，可暂时改变神经细胞的活动。

2)热效应

"热效应"是由高功率微波能量照射引起的。功率密度为 0.5 W/cm² 时的微波将会烧伤人体皮肤;功率密度为 20 W/cm² 时,2 s 内微波即可造成人体三度烧伤;功率密度为 80 W/cm² 时,1 s 内微波即可将人烧死。由这些实验结果可以看到,无论在哪种情况下,都会使操作人员或飞行员等不能正常操作计算机、雷达或驾驶飞机,发出错误的指令或信息,进而产生严重的后果。

4. 高功率微波武器涉及的关键技术

高功率微波武器涉及的关键技术有脉冲驱动源技术、高功率微波产生技术及高功率微波发射技术等。

1)脉冲驱动源技术

脉冲驱动源技术主要是压缩初级能源提供的能量,为高功率微波产生器件提供强流电子束或电脉冲的技术。初级能源是为整个武器系统提供电能,针对运载平台不同,大部分选用发电机和大型蓄电池。初级能源的高效率、小型化是目前需要突破的关键,由于锂电池的储能密度高,目前采用全锂电池的初级能源方案,能够大大降低武器系统的质量。脉冲功率技术正朝着窄脉宽、快脉冲、高重频及小型化的方向发展,通常采用脉冲形成线技术和 Marx 发生器技术。如俄罗斯的 sinus 系列加速器采用的是脉冲变压器和单脉冲形成线一体化技术。

2)高功率微波产生技术

高功率微波产生技术是对脉冲驱动源产生的电子束进行调制,进而产生高功率微波的技术,是整个系统的"心脏",产生的微波能量越强、功率越高,微波武器的作用距离越远、杀伤力越大。按照工作原理一般分为振荡器和放大器,振荡器输出频率的稳定性较差,主要有磁绝缘线振荡器、相对论返波振荡器及虚阴极振荡器等;放大器则以相对论速调管放大器为主,具有高效率、高功率、适合重频运行的优点,输出功率高达吉瓦级。

3)高功率微波发射技术

高功率微波发射技术主要是将高功率微波发射出去,从而准确打击目标的技术。一般通过跟瞄系统锁定目标并传给伺服单元,伺服单元控制发射方位,发射单元对目标进行定向发射,造成对目标的精确打击。其中,伺服单元的定位速度越快,波束的调转速度越快,进而打击目标的速度越快。发射单元通常采用反射面天线、喇叭天线、阵列天线等。通过提高天线的增益,可提高微波输出的等效辐射功率,从而增强武器系统对目标的杀伤能力。同时,需要尽量抑制副瓣,避免对设备和己方人员造成不良的影响。

定向能 HPM 武器为美国军队提供了许多好处,包括光速攻击,仅需从电能中汲取的无穷"弹仓",低附带损害,可基于波形参数的缩放效应及非致命手段实现作战意图。

HPM 的重点领域涵盖 HPM 子系统,这些子系统针对各种平台尺寸和功能优化电子目标的功率和/或能量密度,同时最大限度地减小尺寸、重量、功率和成本。投资和研究的相关领域包括支持技术,如电力电子、脉冲功率驱动器、功率调制器及频率灵活可变的微波源和天线。

其他研究重点领域包括对电子系统耦合、相互作用和效应的研究,其第一个目标是为当前系统开发预测效应工具。这项工作的第二个目标包括探索微波波段内和波段外耦合和相互作用机制。这项工作的发展,既可以发展识别新的潜在武器系统技术,也可以在现有系统的新变革中实现尺寸、重量、功率和成本的显著改进。

6.2.2　高能激光武器

激光武器已经成为未来大国战略制衡,改变战争样式的重要手段。战术级高能激光武器(high energy laser weapon)正快速迈入实战化应用阶段。美国陆军第一种高能激光武器被安装在 Stryker 军用车辆上,在俄克拉何马州锡尔堡的测试中使用,进行了对抗一系列可能的战斗射击场景,如图 6-13 所示。

图 6-13　战斗射击场景

高能激光武器利用高功率激光的热效应、光电效应和热力耦合等效应直接使目标失效甚至毁伤,具有快速响应、打击精准、弹药成本低廉、战场保障简单和作战隐蔽不易追溯等优点,可以在诸如要地防御、导弹拦截、卫星对抗和蜂群对抗等现代局部作战场景中发挥独特作用,逐渐成为可适应未来信息化高技术战争的主战武器之一。

现代新概念强激光武器,多采用电脉冲功率泵浦。这类强激光武器的激光器主要有电泵浦 CO_2 激光器、准分子强激光器、自由电子激光器(放大型和振荡器型)、软 X 射线激光器。

激光二极管泵浦固体激光器(laser diode pumped solid state laser,DPSSL)具有半导体激光器和固体激光器的双重优点,具有体积小、效率高、可靠性好、工作寿命长和可全固体等特性,在国防、科研、医疗、加工等领域有着广泛的应用,是当前固体激光器的一个重要发展方向。激光器驱动电源由直流充电电源、储能电容、脉冲恒流调制电路和控制系统等组成,其原理框图如图 6-14 所示。激光器驱动电源工作原理是:直流充电电源为储能电容提供直流电压,通过脉冲恒流调制电路进行调制,形成满足频率、幅值等要求的脉冲电流波形并将其输出到负载上。控制系统根据设定工作参数,输出相应的信号到直流充电电源和脉冲恒流调制电路,在每个脉冲周期内对绝缘栅双极型晶体管(insulated gate bipolar transistor,IGBT)开关两端电压进行检测,据此判断充电电压是否达到要求,如不满足要求则在充电时序内调节充电电压基准,对直流充电电源输出电压值进行自动调节,实现驱动电源输出电压的负载自适应,并根据电流采样反馈电路动态调整工作在线性区的 IGBT 压降以实现脉冲恒流输出。

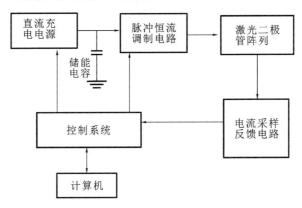

图 6-14　激光器驱动电源的原理框图

脉冲恒流调制电路原理图如图 6-15 所示,脉冲形成电路选用 IGBT 作调整管。根据 IGBT 的转移特性曲线图,当栅极和发射极之间的电压小于开启电压 U_{GE} 时,IGBT 处于关断状态。在 IGBT 导通后的大部分集电极电流范围内,I_C 与 U_{GE} 呈线性关系,通过调节 U_{GE} 就能调节 IGBT 的输出电流,从而达到稳流输出的目的。通过控制脉冲电压 U_{GE} 的频率、脉宽、幅值来实现频率、脉宽、幅值可调的大脉冲电流。脉冲恒流调制电路工作时,调整管工作于线性调整状态,以保证脉冲顶部的平坦,输出受控于脉冲顶部电流取样电路的反馈信号,用于控制脉冲电流和提供过流保护。调整管的供电电压由脉冲顶部电压决定,保证供电电压与顶部电压有一个稳定的压差,使调整管在脉冲顶部工作于线性区。为保证脉冲大电流供电,采用储能电容。

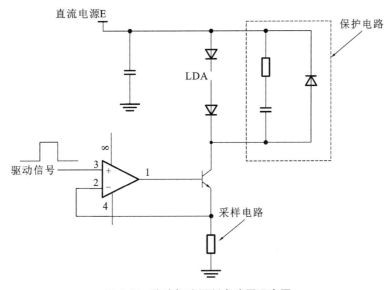

图 6-15　脉冲恒流调制电路原理意图

6.2.3　粒子束武器

粒子束武器(particle beam weapon)的原理框图如图 6-16 所示。其工作原理是:能源和储能器提供粒子加速器所需的能量,高能强流粒子加速器将注入的电子、质子、重离子等粒子加速到接近光速,使其具有极高的动能,然后用电磁透镜将它们聚集成密集的高能束流射向目标,通过它们与目标物质发生强烈的相互作用,在极短时间内把极大的能量传给目标,以此对目标造成软破坏或摧毁,达到毁伤目标的效果。

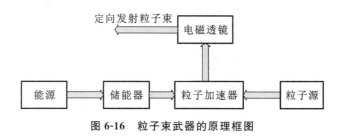

图 6-16　粒子束武器的原理框图

1. 粒子束的毁伤作用表现

(1)使目标结构材料气化或熔化;

(2)提前引爆目标中的引信或破坏目标中的热核材料;

(3)破坏目标的电路,导致电子装置失效。

粒子束武器分为带电粒子束武器和中性粒子束武器两种。它发射出的束流是带电的质子、电子和离子等高能粒子。带电粒子束武器中研究较多的是高能电子束武器,该类武器产生的电子束具有极强的穿透能力,它可实施直接击穿目标的"硬杀伤",也可实施使目标局部失效的"软杀伤",因而被认为是一种很有发展前途的高能电子束武器。中性粒子束武器除了具有杀伤能力外,还可使受照射的目标产生中子、γ 射线和 X 射线,通过对这些射线的遥测,可以实现对目标的识别,也可以用于拦截助推段导弹。与传统武器相比,粒子束武器只要改变导向电磁透镜中的电流方向或强度,就能在极短的时间内改变射击方向,迅速转移火力,而且使用后不会对环境造成污染,不会对生态造成破坏,也不会给己方带来不利的影响,对离开弹着点的其他建筑、生物都不会毁伤。与光聚能激光武器相比,粒子束武器发射出去的粒子比光子具有更大的动能。粒子束可以在导弹、卫星或飞机的外壳上钻一个洞,对内部电子设备造成严重破坏,或引爆核武器的高爆炸物触发器。这种损伤需要在靶上沉积约 10^3 J/cm^3。

2. 电子束和质子束在大气层外使用可能碰到的问题

(1)由于类似电荷的库仑斥力引起的光束扩展。1000 A、1 GeV、初始直径为 1 cm 的电子束在 1000 km 的距离处直径变为 15 m。质子束可以在类似的距离上扩散到直径 18

km。除非粒子束能够集中在目标上,否则目标不会受到伤害。因此,粒子束集中是这类武器的先决条件。

(2)带电粒子束由于地磁力而发生弯曲。类似上述参数的粒子束的曲率半径约为 100 km,因此其可能永远不会到达目标。由于武器和目标之间的中间空间中地磁场强度的不确定性,很难计算出远距离带电粒子束的精确位置。

粒子加速器是粒子束武器的核心,也是光束武器最复杂的部分,使用线性电场来加速带电粒子,主要方法是利用线性感应加速器(linear induction accelerator,LIA),如图 6-17 所示。LIA 由简单的非谐振结构组成,其中脉冲电压施加到磁环的轴向对称间隙中。磁芯中磁通量的变化会感应出提供粒子加速度的轴向电场,加速器的脉冲电压由脉冲功率回路提供的脉冲电压加到间隙时,经过间隙的粒子将被加速,获得高能粒子束。

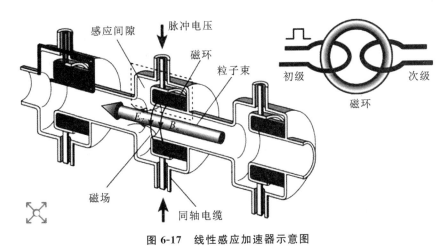

图 6-17　线性感应加速器示意图

6.3　脉冲功率技术在民用领域的应用

脉冲功率与特种电源、等离子体和加速器的发展相辅相成,逐渐进入新能源、环境保护、先进制造、农业生产、生物医学、科学仪器等各领域。

脉冲电晕等离子体法处理废气、废水技术是利用前沿陡峭、窄脉宽(纳秒级)的高压脉冲电晕放电,在常温下获得非平衡等离子体,即产生大量的高能电子和 O、-OH 等,对工业废气中的有害气体分子进行氧化、降解等反应,使污染物转化为低毒或无毒物质。可利用净化的废气有 SO_2、NO_X、甲苯、二甲苯、二氯甲烷和己醇等。高压脉冲放电等离子体水处理包括多种机理:高能电子轰击、臭氧杀菌、紫外线的光化学作用、放电等离子体的活性自由基作用等。高压脉冲放电生产的臭氧与水直接作用,简化了传统臭氧净水技术中气体干燥、电极冷却、水气混合等程序,使装置小型化,不仅避免了臭氧质量随时间的衰减,而且充分发挥放电产生的活性粒子的净化作用。

高压脉冲电场对几十种与食品有关的微生物具有良好的杀菌作用,如大肠杆菌、枯草杆菌、啤酒酵母、金黄色葡萄球菌、产朊假丝酵母、粪链球菌及粘质少雷氏菌等。关于脉冲电场杀菌机理现有细胞膜穿孔效应理论、粘弹极形成模型理论、电解产物理论及臭氧效应理论等。细胞膜穿孔效应理论认为,当液体食品流经高压脉冲电场时,液体中微生物因细胞膜电荷分离引起穿孔而导致细胞死亡。粘弹极形成模型理论强调,细菌的细胞膜受到强烈的电场作用而剧烈振荡,且强烈的电场作用使介质中产生等离子体,并使等离子体发生剧烈膨胀而产生强烈的冲击波,冲击波强度超出细菌细胞的可塑性范围而击碎细菌。电解产物理论认为,在电场作用下,电极附近介质中的电解质发生电解产生阴阳离子,这些阴阳离子穿过细胞膜与细胞内的生命物质(如蛋白质、核糖核酸等)结合而使之变性。臭氧效应理论认为是高压电场作用下产生的臭氧起到了杀菌作用。尽管脉冲电场杀菌机理目前尚存在争议,但脉冲电场杀菌剂已经在食品杀菌、细胞生物、基因工程及生物技术工程领域引起了很大关注,经济实用的高压脉冲电源是高压脉冲杀菌装置的关键。

中国在脉冲功率技术的民用方面的研究取得了长足的进展。在装置研制方面,由于工业领域的负载类型广泛,在功率水平适当的前提下,对装置的通用性、紧凑性、灵活性、免维护性和长期稳定性等方面有着更高的要求。更加紧凑、灵活的全固体脉冲功率源是未来民用领域的发展趋势。国内高校(如复旦大学、西安交通大学、浙江大学、重庆大学、西南交通大学、上海理工大学等高校)积极发展基于全控半导体器件的固体 Marx、LTD 及脉冲形成线技术。电工研究所、高能物理研究所、上海硅酸盐研究所等中国科学院体系的单位分别发展了磁压缩、感应叠加、碳化硅光导开关陶瓷形成线等高压纳秒短脉冲技术。中国工程物理研究院基于国产砷化镓光导开关和陶瓷基板传输线实现了 300 kV/10 ns 脉冲输出,但在长寿命运行方面有待进一步研究。在科学技术部的支持下,中国工程物理研究院和重庆大学联合承担了"高重复频率高压脉冲电源研制与产业化"重点研发项目。本项目成果预期能实现我国 10 kV/400 kHz/10 ns～100 μs 的系列全固体脉冲电源产品化,有效替代同类进口产品。在应用研究方面,俄罗斯、德国、荷兰和日本等国的研究在应用方面比较突出。近年来,葡萄牙牵头成立了欧洲 18 个国家参与的脉冲功率技术协会(A2P2),专门从事脉冲功率推广应用,已有产品推出。日本特别注重脉冲功率技术在深紫外光源、废气废水处理、食品杀菌保鲜等方面的应用,长冈技术科学大学开发的 10 kA/100 ns/10 kHz 固体 LTD 已成为日本光刻机巨头 Gigaphoton(千兆光量子)会社新一代光刻机光源用高压脉冲电源备选方案。俄罗斯约飞物理研究院一直致力于研发基于反向开关晶体管(RSD)的百千安级大电流脉冲电源,用于矿业开采。美国弗吉尼亚理工大学的研究人员配合 AngioDynamics 公司研发团队,开发的脉冲电场消融肿瘤设备"纳米刀"已经进入中国市场,美国 Old Dominion University 正力图通过皮秒脉冲聚焦技术实现癌症的无创治疗。近几年国内的重频脉冲功率技术应用研究也呈现出旺盛的发展态势。在环境保护和治理领域,浙江大学的电除尘项目已走出国门,成套装备和示范工程已出口印度;在新能源探测和开采领域,浙江大学依托科学技术部重点研发计划"深拖式高分辨率多道地震探测技术与装备研究",将脉冲功率技术用于天然气水合物资源勘查和试采工程研究。华中科技大学与西安交通大学利用脉冲放电的液电效应进行石油助采。在先进制造领域,华中科技大学、三峡大学和重庆大学等高校正在拓展强电磁形成技术在材料加工工艺中的应用。山东大学、大连理工大学和南京农业大学等高校在脉冲放电等离子材料表面处理应用上取得突破。在生物医学领域,由中国工程物理研究院牵头、清华大学参与的"重要病原体的现场快速多模态谱学识别与新型杀灭技术"重点研发项目中,脉冲电场联合低温等离子杀灭病原体应用研究也取得了突破。重庆大学在脉冲电场治疗肿瘤应用方面成就显著,研发的国产首台微秒脉冲电场治疗肿瘤设备,已通过国家第三类医疗器械的特别审批,进入临床应用。

参 考 文 献

[1]李勇,李立毅,程树康,等.电磁弹射技术的原理与现状[J].微特电机,2001(05):3-4.

[2]刘金利,马伟明,翟小飞,等.带脉冲负载多相储能发电机励磁控制系统设计[J],海军工程大学学报.2019,31(03):32-38.

[3]杨通.高速大推力直线感应电机的电磁理论与设计研究[D].武汉:华中科技大学,2010.

[4]张明元,马伟明,汪光森,等.飞机电磁弹射系统发展综述[J].舰船科学技术,2013,35(10):1-5.

[5]李昕.电磁轨道炮电枢特性理论研究[D].南京:南京理工大学,2009.

[6]赵纯,邹积岩,何俊佳,等.三级重接式电磁发射系统的仿真与实验[J].电工技术学报,2008(05):1-6.

[7]安进,张胜利,吴长春.导弹电磁发射技术综述[J].飞航导弹,2012(05):27-29.

[8]邹本贵,曹延杰.美军电磁线圈发射技术发展综述[J].微电机,2011,44(01):84-89.

[9]李伟波,曹延杰,朱良明,等.电磁线圈弹射导弹技术研究[J].飞航导弹,2012(11):52-55.

[10]林聪榕.定向能武器技术现状与发展趋势[J].国防科技,2005,000(12):20-23.

[11]倪国旗,高本庆.高功率微波武器系统综述[J].火力与指挥控制,2007,32(08):5-9.

［12］孙长喜,黄鲲.美国高能激光武器发展概述［J］.国防科技,2006(12):6-9.

［13］李涛,胡和平,杨洪,等.大功率激光二极管驱动电源研制［J］.太赫兹科学与电子信息学报,2015,13(03):454-457.

［14］雷开卓,黄建国,张群飞,等.定向能武器发展现状及未来展望［J］.鱼雷技术,2010,18(03):161-166.

［15］丛培天.中国脉冲功率科技进展简述［J］.强激光与粒子束,2020,32(02):6-16.

［16］李冬黎,曹丰文,张晋,等.脉冲功率技术在环境工程领域的应用［J］.高电压技术,2002,28(10):35-38.

［17］赵纯,邹积岩,何俊佳,等.多级重接式电磁发射的电磁分析与有限元仿真［J］.高电压技术,2008,34(01):78-82.

附录 A 脉冲功率装置放电电路分析

A.1 电容储能向阻性负载放电的电路分析

设电容 C 上充电电压为 U_0，开关闭合，主放电回路的等效电路图如图 A-1 所示，由基尔霍夫电压定律，有

$$L \frac{\mathrm{d}i}{\mathrm{d}t} + Ri + \frac{1}{C}\int i\mathrm{d}t = 0 \tag{A-1}$$

对式（A-1）微分、整理得

$$LC \frac{\mathrm{d}^2 i}{\mathrm{d}t^2} + RC \frac{\mathrm{d}i}{\mathrm{d}t} + i = 0 \tag{A-2}$$

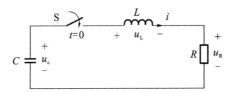

图 A-1 电容向阻性负载放电的等效电路图

因为开关闭合的瞬间，电感中的电流不能突变，方程解的初始条件为

$$\begin{cases} i_{t=0} = 0 \\ U_0 = L \left(\dfrac{\mathrm{d}i}{\mathrm{d}t} \right)_{t=0} \end{cases} \tag{A-3}$$

利用特征方程可以求解微分方程（A-1），方程的特征方程为

$$LC\alpha^2 + RC\alpha + 1 = 0 \tag{A-4}$$

其特征根为

$$\alpha_{1,2} = -\frac{R}{2L} \pm \sqrt{\frac{R^2}{4L^2} - \frac{1}{LC}} \tag{A-5}$$

令 $\beta = R/(2L)$，$\omega_0^2 = 1/(LC)$，$\omega = \sqrt{\beta^2 - \omega_0^2}$。

根据回路参数特征，电容器放电有三种不同的情形。

（1）欠阻尼情形，$R < 2\sqrt{L/C}$，此时回路放电电流为

$$i(t) = \frac{U_0}{\omega L} \mathrm{e}^{-\beta t} \sin(\omega t) \tag{A-6}$$

这时放电电流为衰减的周期性振荡电流，它的幅值按指数曲线衰减，衰减系数为 $\beta = R/(2L)$。电流的变化率为

$$\frac{\mathrm{d}i}{\mathrm{d}t}=\frac{U_0}{\omega L}\mathrm{e}^{-\beta t}\left[\omega\cos(\omega t)-\beta\sin(\omega t)\right]$$

当 $\mathrm{d}i/\mathrm{d}t=0$，得到 $\tan(\omega t)=\omega/\beta$ 时，电流达到第一个峰值，电流达到第一个峰值的时间为

$$t_\mathrm{m}=\frac{1}{\omega}\tan^{-1}\left(\frac{\omega}{\beta}\right) \tag{A-7}$$

将式（A-7）代入式（A-6），第一个电流峰值为

$$I_\mathrm{m}=\frac{U_0}{L}\sqrt{\frac{1}{\beta^2+\omega^2}}\mathrm{e}^{-\frac{\beta}{\omega}\tan^{-1}\left(\frac{\omega}{\beta}\right)} \tag{A-8}$$

（2）临界阻尼情形，$R=2\sqrt{L/C}$，此时回路放电电流为非周期性脉冲电流，即

$$i(t)=\frac{U_0}{L}t\mathrm{e}^{-\beta t} \tag{A-9}$$

电流的变化率为

$$\frac{\mathrm{d}i}{\mathrm{d}t}=\frac{U_0}{L}\mathrm{e}^{-\beta t}(1-\beta t)$$

当 $\mathrm{d}i/\mathrm{d}t=0$，得到 $t=1/\beta$ 时，电流达到峰值，电流达到峰值的时间为

$$t_\mathrm{m}=\frac{1}{\beta}=\frac{2L}{R}=\sqrt{LC} \tag{A-10}$$

将式（A-10）代入式（A-9），电流峰值为

$$I_\mathrm{m}=U_0\sqrt{\frac{C}{L}}\mathrm{e}^{-1}\approx0.736\frac{U_0}{R} \tag{A-11}$$

（3）过界阻尼情形，$R>2\sqrt{L/C}$，此时 $\omega>0$，特征方程有两个相异的实根，$\alpha_1=-\beta-\omega$，$\alpha_2=-\beta+\omega$，注意到 $\omega=\sqrt{\beta^2-\omega_0^2}$，可以得到 $\beta>\omega$，即两个特征根均为负值。回路放电电流为非周期性脉冲电流，电流波形为

$$i(t)=\frac{U_0}{2\omega L}\left[\mathrm{e}^{(-\beta+\omega)t}-\mathrm{e}^{(-\beta-\omega)t}\right] \tag{A-12}$$

即电流波形为两个指数波形的叠加，这个波形在分析雷电脉冲和电磁脉冲时经常出现类似的表达式。

电流的变化率为

$$\frac{\mathrm{d}i}{\mathrm{d}t}=\frac{U_0}{2\omega L}\left[\mathrm{e}^{(-\beta+\omega)t}(\omega-\beta)+\mathrm{e}^{(-\beta-\omega)t}(\omega+\beta)\right]$$

令 $\mathrm{d}i/\mathrm{d}t=0$，同样可以求得电流达到峰值的时间，即

$$t_\mathrm{m}=\frac{1}{\omega}\sqrt{\frac{\beta+\omega}{\beta-\omega}} \tag{A-13}$$

将式（A-13）代入式（A-12），即可求得电流峰值 I_m。

上面的放电电路分析结果，有助于帮助科研人员分析放电电流参数与回路参数的关系。

1. 最大冲击电流 I_m

综合欠阻尼情形、临界阻尼情形、过界阻尼情形，可以看出，当 $R=0$，且 $t=2\pi/\omega_0=\pi\sqrt{LC}/2$ 时，冲击电流值最大，即

$$I_m = U_0 \sqrt{\frac{C}{L}} \tag{A-14}$$

最大冲击电流取决于电容器的初始电压、电容量,当电压升高时,最大冲击电流 I_m 呈正比例增加;当电容量增加时,I_m 增加;电感越小,I_m 越大。在装置的电容量和工作电压选定后,为了提高冲击电流,就要减小主回路的总电感。最大冲击电流最大上升率为 $(di/dt)_m$。

同上类似,综合欠阻尼情形、临界阻尼情形、过界阻尼情形,可以看出,冲击电流最大上升率 $(di/dt)_m$ 在 $R=0$ 时取得,取得冲击电流最大上升率的时刻为 $t=0$,有

$$\left(\frac{di}{dt}\right)_m = \frac{U_0}{L} \tag{A-15}$$

由式(A-15)可以看出,冲击电流的最大上升率只取决于电容器的充电电压和回路的总电感,与回路的电容器电阻无关。充电电压越高,冲击电流上升就越快;回路电感越大,冲击电流上升就越困难,电流上升就越慢。

由上可以看出,回路的电感无论对冲击电流的最大值还是冲击电流的最大上升率都有重要影响,电感增大,冲击电流的最大值和冲击电流的最大上升率都减小,而脉冲功率装置一般都是追求极限参数的,也就是说,追求最大的冲击电流值和最大冲击电流的上升率,因此就必须尽量减小回路的电感,因此设计脉冲功率装置时,如何减小回路的电感是设计人员需要考虑的一个重要因素。

2. 冲击电流的衰减系数 β

由于回路电阻的存在,当冲击电流流过回路时,就要消耗能量,从而使冲击电流的峰值逐渐减小。衰减系数反映了电流峰值逐渐减小的情况,由

$$i(t) = \frac{U_0}{\omega L} e^{-\beta t} \sin(\omega t) \tag{A-16}$$

可以看出,冲击电流在指数包络线 $U_0 e^{\pm \beta t}/(\omega L)$ 内振荡。

图 A-2 所示的为电容 $C=10\ \mu F$,电感 $L=100\ nH$ 的电路在不同条件下的电流变化曲线。

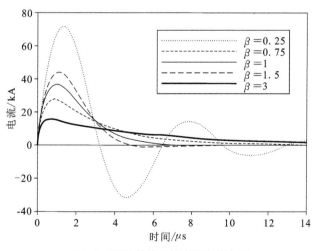

图 A-2　不同条件下的电流变化曲线

A.2 电容储能向容性负载放电的电路分析

图 A-3 所示的为马克斯(Marx)发生器放电回路的等效电路图。设 Marx 发生器中每个电容器的电容为 C_0,充电电压为 U_0,假设发生器为 n 级,于是发生器的串联电容为 $C_M = C_0/n$,发生器的标称电压 $U_M = U_0/n$,L 为放电回路电感,即电容器电感、火花开关电感的总和。R 为等效串联电阻,即火花间隙开关电阻、连线电阻、接触电阻的总和。C_B 为传输线的电容。

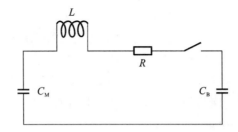

图 A-3 马克斯发生器放电回路的等效电路图

设电容 C 上充电电压为 U_M,开关闭合,主放电回路的等效电路图如图 A-3 所示,由基尔霍夫电压定律,有

$$L\frac{\mathrm{d}i}{\mathrm{d}t} + Ri + \frac{1}{C_B}\int i\mathrm{d}t + \frac{1}{C_M}\int i\mathrm{d}t = 0 \tag{A-17}$$

令 $\dfrac{1}{C} = \dfrac{1}{C_M} + \dfrac{1}{C_B}$,对式(A-17)微分、整理得

$$LC\frac{\mathrm{d}^2 i}{\mathrm{d}t^2} + RC\frac{\mathrm{d}i}{\mathrm{d}t} + i = 0 \tag{A-18}$$

因为开关闭合的瞬间,电感中的电流不能突变,方程解的初始条件为

$$\begin{cases} i_{t=0} = 0 \\ U_0 = L\left(\dfrac{\mathrm{d}i}{\mathrm{d}t}\right)_{t=0} \end{cases}$$

令 $\beta = R/(2L)$,$\omega_0^2 = 1/(LC)$,$\omega = \sqrt{\beta^2 - \omega_0^2}$。

根据 Marx 发生器对传输线进行脉冲充电回路的参数特征,一般有 $R < 2\sqrt{L/C}$,此时回路放电电流为

$$i(t) = \frac{U_0}{\omega L}\mathrm{e}^{-\beta t}\sin(\omega t) \tag{A-19}$$

传输线 C_B 上的电压为

$$U_B(t) = U_M \frac{C_M}{C_M + C_B} \left[1 - e^{-\beta t} \cos(\omega t)\right] \tag{A-20}$$

可见 C_B 上的电压按余弦规律周期在电压值 $U_M C_M/(C_M+C_B)$ 上下衰减振荡。

如果进一步简化,忽略回路电阻,则 $R=0, \beta=0$,这时传输线 C_B 上的电压为

$$U_B(t) = U_M \frac{C_M}{C_M + C_B} \left[1 - \cos(\omega t)\right] \tag{A-21}$$

当 $\cos(\omega t) = -1, t = \dfrac{(2k+1)\pi}{\omega}, k=0,1,2,3,\cdots$ 时,电压达到最大值,即

$$U_B(t) = U_{Bmax} = \frac{2C_M}{C_M + C_B} U_M \tag{A-22}$$

当 $\cos(\omega t) = 1, t = \dfrac{2k\pi}{\omega}, k=0,1,2,3,\cdots$ 时,电压达到最小值,即

$$U_B(t) = U_{Bmin} = 0 \tag{A-23}$$

Marx 发生器对传输线进行脉冲充电,传输线 C_B 上获得的最大能量为

$$W_{Bmax} = \frac{1}{2} C_B U_{Bmax}^2 = \frac{4C_M C_B}{(C_M + C_B)^2} \left(\frac{1}{2} C_M U_m^2\right) = \frac{4C_M C_B}{(C_M + C_B)^2} W_m \tag{A-24}$$

则 $R=0, \beta=0$ 时,最大能量传输效率为

$$\eta_{WB} = \frac{4C_M C_B}{(C_M + C_B)^2} \tag{A-25}$$

以下对传输线上的最大电压和最大能量传输效率,分三种情况进行讨论。

1. $C_B = C_M$

此时,$U_{Bmax} = U_M, \eta_{WB} = 1$,即当 $C_B = C_M$ 时,传输线上的电压等于 Marx 发生器的电压 U_M,Marx 发生器储存的能量全部转移到传输线上。

2. $C_B \ll C_M$

此时,$U_{Bmax} = 2C_M U_M/(C_M + C_B) \approx 2U_M, W_{Bmax} = 4C_M C_B W_m/(C_M + C_B)^2 \ll W_m, \eta_{WB} \to 0$,即当 $C_B \ll C_M$ 时,传输线上的电压等于 Marx 发生器电压的 2 倍,传输线上获得较高的电压,但此时能量的传输效率极低。

3. $C_B \gg C_M$

此时,$U_{Bmax} = 2C_M U_M/(C_M + C_B) \ll U_M, U_{Bmax} \to 0, W_{Bmax} = 4C_M C_B W_m/(C_M + C_B)^2 \ll W_m, \eta_{WB} \to 0$,即当 $C_B \gg C_M$ 时,传输线上的电压极低,此时能量的传输效率也极低。

由上面的讨论可知,Marx 发生器可以对传输线进行谐振充电,当 $C_B \ll C_M$ 时,可以使传输线上的充电电压加倍,但能量传输效率较低;当 $C_B = C_M$ 时,传输线上的电压等于 Marx 发生器的电压 U_M,能量传输效率最高,Marx 发生器储存的能量全部转移到传输线上。

传输线谐振充电电压达到峰值的时间与 $\sqrt{L}$ 成正比,要缩短充电时间,必须尽量减小回路电感。这对 Marx 发生器在水介质传输线充电方面有重要指导意义,因为水介质的

电阻率较油介质小,自放电速度快,必须对水介质传输线快速充电,要缩短充电时间,必须尽量减小回路电感。

A.3 电感向阻性负载放电的电路分析

电感向阻性负载放电的等效电路图如图 A-4 所示,图中 S_1 为断路开关,开始它处于闭合位置,充电电源提供"充电"电流 I_0、对电感线筒 L "充电"。当 $t=0$ 时,S_1 断开,同时开关 S_2 闭合,开断开关中的电流逐渐下降为零,负载 R 中的电流逐渐上升到最大值,这个过程称为换流过程。

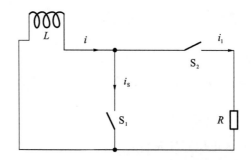

图 A-4 电感储能向阻性负载放电的等效电路图

列出电路方程,有

$$\begin{cases} L\dfrac{\mathrm{d}i}{\mathrm{d}t}+R(t)i_S=0 \\ R_S(t)i_S-Ri_1=0 \\ i=i_S+i_1 \end{cases} \tag{A-26}$$

初始条件为:当 $t=0_+$ 时,有

$$i(0)=I_0,\ i_S=\frac{R}{R+R_S}I_0,\ i_1=\frac{R_S}{R+R_S}I_0$$

忽略电感 L 的电阻,R_S 为断路开关的电阻,因为可以把断路开关(由完全导通到完全断开的过程)看成开关电阻由零变为无穷大的动态过程。

假设 R_S 是一个理想的断路开关,则有

$$R_S(t)=\begin{cases} 0,t<0 \\ \infty,t\geqslant0 \end{cases}$$

则开关转换后,负载电流为

$$i_1(t)=I_0\mathrm{e}^{-t/\tau_1} \tag{A-27}$$

式中:τ_1——电感 L 放电的时间常数,有

$$\tau_1 = \frac{L}{R}$$

假设 R_S 不是一个理想的断路开关,而是断开后其电阻从零快速上升到某一电阻值 R_S,则有

$$R_S(t) = \begin{cases} 0, & t < 0 \\ R_S, & t \geqslant 0 \end{cases}$$

则开关转换后,负载电流为

$$i_1(t) = \frac{R_S}{R + R_S} I_0 e^{-t/\tau}, \quad \tau = \frac{L}{R_1} + \frac{L}{R_S} \tag{A-28}$$

A.4 电感向感性负载放电的电路分析

电感向感性负载放电的等效电路图如图 A-5 所示。列出电感向感性负载放电电路方程,有

$$\begin{cases} L\dfrac{di}{dt} + R_S(t)i_S = 0 \\ L\dfrac{di_l}{dt} - R_S(t)i_S = 0 \\ i = i_S + i_1 \end{cases} \tag{A-29}$$

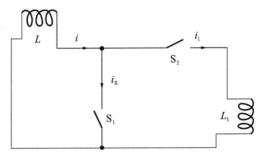

图 A-5 电感向感性负载放电的等效电路图

假设 R_S 断开后其电阻从零快速上升到某一电阻值 R_S,有

$$R_S(t) = \begin{cases} 0, & t < 0 \\ R_S, & t \geqslant 0 \end{cases}$$

由磁通守恒有

$$LI_0 = Li + L_1 i_1$$

由于电路稳定后,储能电感和负载电感流过相同的电流,稳定后有

$$I_1 = \frac{L}{L + L_1} I_0$$

故由电感向感性负载放电电路方程可以解得

$$\begin{cases} i_1 = \dfrac{L}{L + L_1} I_0 \left(1 - e^{-t/\tau}\right) \\[3mm] i = \dfrac{L}{L + L_1} I_0 \left(1 + \dfrac{L_1}{L} e^{-t/\tau}\right) \end{cases} \qquad (\text{A-30})$$

现在分析电路中的能量传输和损耗情况,电感中的初始储能为

$$W_{c0} = \frac{1}{2} L I_0^2 \qquad (\text{A-31})$$

开关转换,电路稳定后,负载电感中的能量为

$$W_1 = \frac{1}{2} L_1 I_1^2 = \frac{L L_1}{(L + L_1)^2} W_{c0} \qquad (\text{A-32})$$

能量的传输效率为

$$\eta = \frac{W_1}{W_{c0}} = \frac{L L_1}{(L + L_1)^2} \qquad (\text{A-33})$$

当 $L_1 = L$ 时,能量的传输效率最大,即

$$\eta = \frac{W_1}{W_{c0}} = 25\% \qquad (\text{A-34})$$

此时,仍能保留在 L 中的能量为

$$W_c = \frac{1}{2} L I^2 = \left(\frac{L}{L + L_1}\right)^2 W_{c0} = \frac{1}{4} W_{c0}$$

即仍有 25% 的能量保留在储能电感中。

参 考 文 献

[1]刘锡三.高功率脉冲技术[M].北京:国防工业出版社,2005.

[2]清华大学电力系高电压专业.冲击大电流技术[M].北京:科学出版社,1978.

附录 B　脉冲功率技术中常用参数的计算

脉冲功率装置的运行电压越来越高,而设计人员又尽可能减小装置的尺寸,以减小回路的电感,这样既能提高脉冲前沿,又能使装置在尺寸和重量上保持竞争力。为了保证设备在尽可能小的尺寸下安全可靠运行,只有在对电场分布和控制电场的方法上进行深入了解才能做到。电场的计算在传输线和各种脉冲功率开关的设计中也经常用到,设计人员最关心的是在每种情况下产生的最大电场,这在脉冲功率系统的设计中至关重要,因为它提供了电晕现象开始和电击穿可能性的指示。电感储能是脉冲功率技术的重要发展方向,它是磁场储能,把能量储存在线圈的磁场中;另外,脉冲功率技术中对脉冲功率装置有苛刻的性能要求,它应当具有尽可能小的等效串联电感,使其对负载(通常是传输线)放电的波前时间尽可能短。为此,就要求电容器及火花开关的电感尽量小、连接线路尽量紧凑,因此又要求高压部件的绝缘长度尽可能短,需要采用特殊的绝缘措施,这样有可能会增大装置的杂散电容(减小回路电感和减小杂散电容之间有一定的矛盾)。

B. 1　电场的计算

1. 同心球间隙电场

如图 B-1 所示,内球和外球的半径分别为 R_1、R_2,内、外球间的电压为 U。其可以用高斯定理来求球间电场。

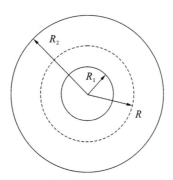

图 B-1　同心球间隙电场的近似计算示意图

假设内球携带的电荷为 Q,在球间隙作一半径为 R 的假想球面包围内球,令假想球面上的电场强度为 E,由高斯定理有

$$4\pi R^2 \varepsilon E = Q \tag{B-1}$$

可以得到

$$E = \frac{Q}{4\pi R^2 \varepsilon} \tag{B-2}$$

则球间隙的电压 U 为

$$U = \int_{R_1}^{R_2} E \mathrm{d}r = \int_{R_1}^{R_2} \frac{Q}{4\pi R^2 \varepsilon} \mathrm{d}r = \frac{Q}{4\pi\varepsilon}\left(\frac{1}{R_1} - \frac{1}{R_2}\right) \qquad \text{(B-3)}$$

可求得电场强度 E 为

$$E = \frac{UR_1 R_2}{R^2(R_1 - R_2)} \qquad \text{(B-4)}$$

2. 同轴圆柱电极间隙电场的近似计算

如图 B-2 所示,内圆柱和外圆柱的半径分别为 R_1、R_2,其间隙电压为 U。内圆柱电极单位长度所带的电荷为 λ,内圆柱和外圆柱间任意半径 R 位置的电场强度为

$$E = \frac{\lambda}{2\pi R\varepsilon} \qquad \text{(B-5)}$$

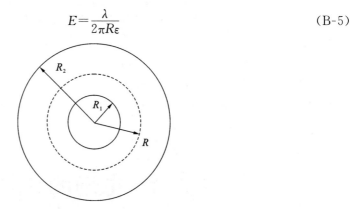

图 B-2 同轴圆柱电极间隙电场计算

同轴圆柱间电压为 U,有

$$U = \int_{R_1}^{R_2} E \mathrm{d}r = \int_{R_1}^{R_2} \frac{\lambda}{2\pi R\varepsilon} \mathrm{d}r = \frac{\lambda}{2\pi\varepsilon}\ln\frac{R_2}{R_1} \qquad \text{(B-6)}$$

可求得电场为

$$E = \frac{U}{R\ln\dfrac{R_2}{R_1}} \qquad \text{(B-7)}$$

B.2 磁场的计算

1. 无限长圆柱面电流的磁场分布

如图 B-3 所示,在无限长圆柱面流经电流 I,围绕电流取任意圆周,由安培环路定理,可得如下结论。

当 $r < R$ 时,环路内围绕电流为 0,有

$$B = 0$$

当 $r > R$ 时,环路内围绕电流为 I,有

$$B \oint_L \mathrm{d}l = B2\pi r = \mu_0 I$$

$$B = \frac{\mu_0 I}{2\pi r}$$

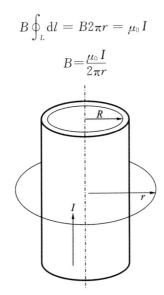

图 B-3 无限长圆柱面电流的磁场分布

2. 无限长同轴电缆的磁场分布计算

如图 B-4 所示,同轴电缆载有电流 I,其内导体圆柱半径为 a,外导体圆筒内、外半径分别为 b、c,其磁场分布如下。

当 $r < a$ 时,有

$$B = \frac{\mu_0 I}{2\pi a^2} r$$

当 $a < r < b$ 时,有

$$B = \frac{\mu_0 I}{2\pi r}$$

当 $b < r < c$ 时,有

$$B = \frac{\mu_0 I (c^2 - r^2)}{2\pi r (c^2 - b^2)}$$

当 $r > c$ 时,有

$$B = 0$$

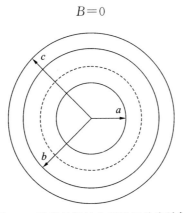

图 B-4 无限长同轴电缆磁场分布计算

3. 环形线圈磁场分布计算

如图 B-5 所示环形线圈,流经线圈电流为 I,在线圈内部任意半径 r 处做一环路,可得如下结论。

当 $R_2 > r > R_1$ 时,有

$$B \oint_L dl = B2\pi r = \mu_0 NI$$

$$B = \frac{\mu_0 NI}{2\pi r}$$

当 $r > R_2$ 时,由于 $\sum I_i = 0$,有

$$B = 0$$

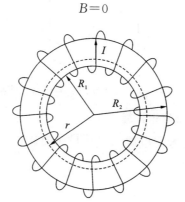

图 B-5 环形线圈

4. 细长直导线磁场计算

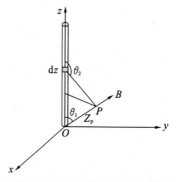

图 B-6 细长直导线磁场分布计算

如图 B-6 所示,令 O 为原点,作 $OXYZ$ 轴,取电流元 P,离坐标原点为 Z_P,点 P 与直导线之间的夹角分别为 θ_1、θ_2,有

$$dB = \frac{\mu_0}{4\pi} \frac{Idl\sin\theta}{R^2} \tag{B-8}$$

与 $Id\vec{l} \times \vec{r}$ 方向都相同,dB 可用标量积分,即

$$B = \int dB = \int \frac{\mu_0}{4\pi} \frac{Idl\sin\theta}{R^2} \tag{B-9}$$

可求得

$$B=\frac{\mu_0 I}{4\pi a}(\cos\theta_1-\cos\theta_2)\qquad\qquad\text{(B-10)}$$

5. 载流直螺旋管的磁场计算

设长度为 l、半径为 R 的载流密绕直螺旋管，螺旋管的总匝数为 N，通有电流 I。

圆形电流磁场公式为

$$B=\frac{\mu_0 I R^2}{2(x^2+R^2)^{3/2}}\qquad\qquad\text{(B-11)}$$

管内轴线上某一点处的磁感应强度为

$$B=\int\mathrm{d}B=\frac{\mu_0 n I}{2}\int_{x_1}^{x_2}\frac{R^2\,\mathrm{d}x}{(x^2+R^2)^{3/2}}\qquad\qquad\text{(B-12)}$$

由图 B-7 可知

$$B=-\frac{\mu_0 n I}{2}\int_{\beta_1}^{\beta_2}\frac{R^3\csc^2\beta\mathrm{d}\beta}{R^3\csc^3\beta}=-\frac{\mu_0 n I}{2}\int_{\beta_1}^{\beta_2}\sin\beta\mathrm{d}\beta\qquad\qquad\text{(B-13)}$$

积分可得

$$B=\frac{\mu_0 n I}{2}(\cos\beta_2-\cos\beta_1)\qquad\qquad\text{(B-14)}$$

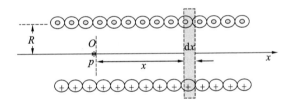

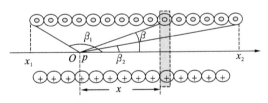

图 B-7　载流直螺旋管

B.3　电感的计算

1. 同轴电缆的电感

如图 B-8 所示，同轴电缆长度为 l，内导体半径为 a，外导体半径为 b。

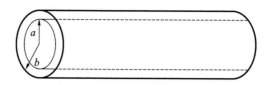

图 B-8　同轴电缆的电感计算

对于同轴任意半径 r 处磁场，有如下结论。

当 $r<a$ 时，有

$$B_1 = \frac{\mu_0 I}{2\pi a^2} r$$

$$W_{1m} = \frac{1}{2\mu_0} \int_V (B_1)^2 dV = \frac{\mu_0 I^2 l}{16\pi}$$

当 $a<r<b$ 时，有

$$B_2 = \frac{\mu_0 I}{2\pi r}$$

$$W_{2m} = \frac{1}{2\mu_0} \int_V (B_2)^2 dV = \frac{\mu_0 I^2 l}{4\pi} \ln\left(\frac{b}{a}\right)$$

当 $r>b$ 时，有

$$B_3 = 0$$

$$W_{3m} = 0$$

由自感的能量定义可得

$$L = \frac{2}{I^2}(W_{1m} + W_{2m}) = \frac{\mu_0 l}{8\pi} + \frac{\mu_0 l}{2\pi} \ln\left(\frac{b}{a}\right)$$

2. 可变半径同轴传输线的电感

如图 B-9 所示，z 轴上任意点内、外导体半径分别为

$$R(z) = R_1 + \frac{R_2 - R_1}{l} z \tag{B-15}$$

$$r(z) = r_1 + \frac{r_2 - r_1}{l} z \tag{B-16}$$

其中磁场能量为

$$W_m = \frac{1}{2\mu_0} \int_V (B_2)^2 dV = \frac{\mu_0 I^2}{8\pi} \int_0^l \int_{r(z)}^{R(z)} \int_0^{2\pi} \frac{1}{r} dz dr d\theta \tag{B-17}$$

积分后可得

$$L = \frac{l}{2\mu_0} \left[\frac{R_2 \ln(R_2) - R_1 \ln(R_1)}{R_2 - R_1} - \frac{r_2 \ln(r_2) - r_1 \ln(r_1)}{r_2 - r_1} \right] \tag{B-18}$$

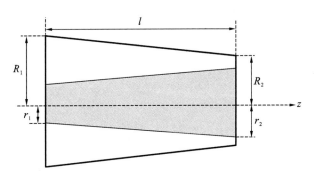

图 B-9 可变半径同轴传输线的电感计算

3. 双平行导线线路的电感

如图 B-10 所示,传输线长度 l 由两条半径均为 a 的长平行导线组成,两者的圆心相距 d,在相反方向上传输电流。在垂直导线轴线平面内选择笛卡儿坐标系,两条导线的轴线坐标为 $x_1=0$ 和 $x_2=d$。在沿着两条导线之间 Ox 轴上的点 x 产生的相应磁通密度只有 y 分量,即

$$B_1=\frac{\mu_0 I}{2\pi x} \tag{B-19}$$

$$B_2=\frac{\mu_0 I}{2\pi(d-x)} \tag{B-20}$$

则单位长度的磁通为

$$\Phi=\int_a^{d-a}(B_1+B_2)l\mathrm{d}x=\frac{\mu_0 Il}{\pi}\ln\left(\frac{d-a}{a}\right) \tag{B-21}$$

平行导线电感为

$$L=\frac{\mu_0 l}{8\pi}+\frac{\mu_0 l}{8\pi}+\frac{\mu_0 I}{\pi}\ln\left(\frac{d-a}{a}\right)=\frac{\mu_0 l}{4\pi}+\frac{\mu_0 I}{\pi}\ln\left(\frac{d-a}{a}\right) \tag{B-22}$$

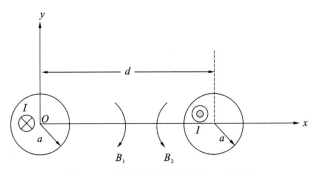

图 B-10 双平行导线线路的电感计算

4. 平行板传输线的电感

如图 B-11 所示,长度为 l 的平行板,其相隔的距离 h 远小于其宽度 b,应用安培电路定律有

$$B \cdot W + 0 + B \cdot W + 0 = \mu_0 I \tag{B-23}$$

总磁场为

$$B_\mathrm{T} = \frac{\mu_0 I}{W} \tag{B-24}$$

电感为

$$L_\mathrm{e} = \frac{\Phi}{I} = \frac{\mu_0 lh}{W} \tag{B-25}$$

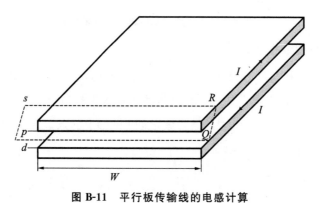

图 B-11 平行板传输线的电感计算

B.4 电动力的计算

1. 平行导线间的电动力

如图 B-12 所示，单位长度导体间的电动力为

$$F = \frac{\mu_0 I^2}{2\pi d} \tag{B-26}$$

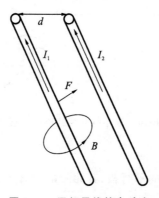

图 B-12 平行导线的电动力

2. 平行板间的电动力

如图 B-13 所示，下极板产生的磁场为

$$B = \frac{\mu_0 I}{2w} \tag{B-27}$$

上极板的受力为

$$\mathrm{d}F_y = -\frac{I}{w} B \mathrm{d}x = -\frac{\mu_0 I}{2w} \mathrm{d}x \tag{B-28}$$

积分可得

$$F_y = \int_0^w \mathrm{d}F_y = \frac{\mu_0 I^2}{2\pi w^2}\left[2w\tan^{-1}\left(\frac{w}{d}\right) - d\ln\left(\frac{d^2 + w^2}{d^2}\right) \right] \tag{B-29}$$

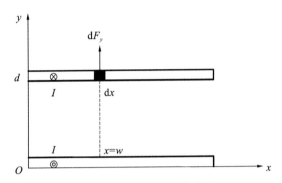

图 B-13　平行板间的电动力

快速估计电动力的一种简单得多的方法是使用磁能密度，并使用非常大的薄片产生的磁场来计算，此时力可简算为

$$F_y = \int_0^w \mathrm{d}F_y = -\frac{I}{w} B \mathrm{d}x = \frac{\mu_0 I^2}{2w} \tag{B-30}$$

3. 同轴传输线间的电动力

如图 B-14 所示，同轴传输线的磁场能量为

$$W_\mathrm{m} = \frac{1}{2}\left[\frac{\mu_0 l}{8\pi} + \frac{\mu_0 l}{2\pi}\ln\left(\frac{b}{a}\right) \right] I^2 \tag{B-31}$$

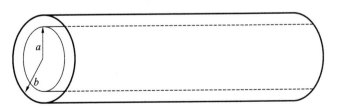

图 B-14　同轴传输线的电动力

由于电动力作用，外导体将向外扩张，内导体将向内压缩，内导体是实心的，认为在受力时半径不会发生改变，则导体所受的力为

$$F = \frac{\mathrm{d}W_\mathrm{m}}{\mathrm{d}b} = \frac{\mu_0 l I^2}{4\pi b} \tag{B-32}$$

B.5　导体等效电阻的计算

1. 非均匀带状导体电阻

如图 B-15 所示，在 x 轴任意处的面积为

$$A = ad + \left(\frac{bd - ad}{c}\right)x \tag{B-33}$$

代入电阻公式积分后有

$$R = \rho\,\frac{c}{(b-a)d}\ln\frac{b}{a} \tag{B-34}$$

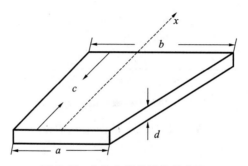

图 B-15　非均匀带状导体的电阻

2. 锥形导体的电阻

如图 B-16 所示，其在 x 轴任意处的面积为

$$A = \pi\left[a + \frac{b-a}{c}x\right]^2 \tag{B-35}$$

代入电阻公式积分后有

$$R = \rho\,\frac{c}{\pi ab} \tag{B-36}$$

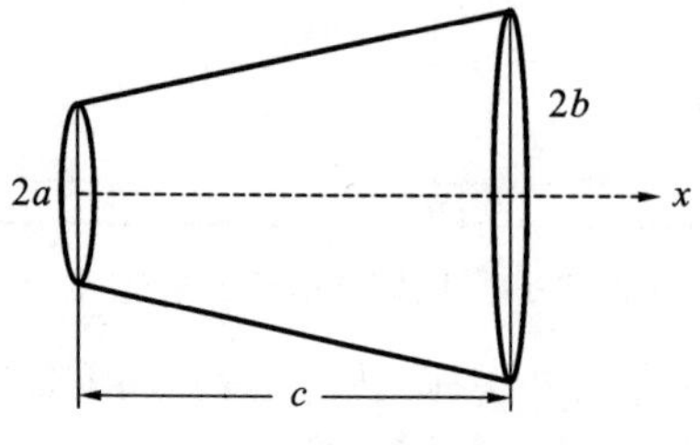

图 B-16　锥形导体的电阻

3. 导电盘的电阻

如图 B-17 所示,电阻为

$$R = \int_a^b \rho \frac{\mathrm{d}r}{A} \tag{B-37}$$

代入电阻公式积分后有

$$R = \rho \int_a^b \frac{\mathrm{d}r}{2\pi rd} = \frac{\rho}{2\pi d} \ln \frac{b}{a} \tag{B-38}$$

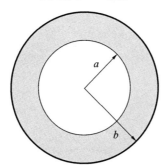

图 B-17　导电盘的电阻

B.6　常见导体电容

1. 平行板的电容

如图 B-18 所示,两平行板的面积为 S,板间距为 d,板上电荷为 Q,其电容为

$$C = \frac{Q}{U} = \frac{\varepsilon S}{d} \tag{B-39}$$

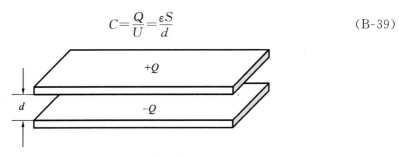

图 B-18　平行板的电容

2. 同轴电缆的电容

如图 B-19 所示,同轴电缆内导体半径为 a,外圆柱的内半径为 b,两个圆柱体的长度都是 L,内圆柱电荷为 $+Q$,外圆柱电荷为 $-Q$,其电容为

$$C = \frac{Q}{U} = \frac{\lambda L}{\frac{\lambda}{2\pi\varepsilon} \ln \frac{b}{a}} = \frac{2\pi\varepsilon L}{\ln \frac{b}{a}} \tag{B-40}$$

图 B-19　同轴电缆的电容

3. 同心导体球的电容

如图 B-20 所示,内球的半径为 a,外球的半径为 $b(b>a)$,假设在内球带有 $+Q$ 的总电量,外球带有 $-Q$ 的总电量,可以先利用高斯定理计算出在两导体球之间的电场大小。通过电场路径积分,可以计算出两球之间的电位差。我们知道内球的电位一定高于外球的电位,电容的计算公式为

$$C=\frac{Q}{U}=\frac{4\pi\varepsilon ab}{b-a} \tag{B-41}$$

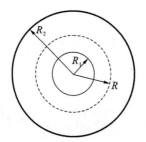

图 B-20　同心球的电容

4. 平行于平板的圆直导线的电容

导体布置如图 B-21 所示,电容近似计算公式为

$$C=\frac{2\pi\varepsilon l}{\ln(2h/a)-2.303D_1(0.5l/h)} \tag{B-42}$$

式中:D_1——取决于 $l/2h$ 的系数,由表 B-1 给出。

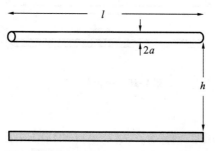

图 B-21　平行于平板的圆直导线的电容

表 B-1　D_1 取值表

$l/2h$	D_1	$l/2h$	D_1	$l/2h$	D_1
10.00	0.042	1.11	0.310	0.85	0.379
5.00	0.082	1.00	0.336	0.80	0.396
2.50	0.157	0.95	0.350	0.75	0.414
2.00	0.191	0.90	0.364	0.70	0.435
1.25	0.283	0.85	0.379	0.65	0.457

5. 垂直于平板的圆直导线的电容

导体布置如图 B-22 所示,电容近似计算公式为

$$C = \frac{2\pi\varepsilon l}{\ln(l/a) - 2.303 D_2} \tag{B-43}$$

式中:D_2——取决于 h/l 的系数,由表 B-2 给出。

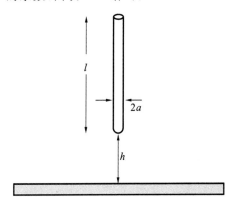

图 B-22　垂直于平板的圆直导线的电容

表 B-2　D_2 取值表

h/l	D_2	h/l	D_2	h/l	D_2
10.00	0.144	1.11	0.202	0.60	0.236
5.00	0.153	1.00	0.207	0.50	0.247
2.50	0.170	0.90	0.212	0.40	0.261
2.00	0.177	0.80	0.219	0.30	0.280
1.25	0.196	0.70	0.227	0.20	0.305

6. 球体与平面导体间的电容

如图 B-23 所示球体的布局,其中 r 为半径,h 为球体最低点与地平面之间的距离。

应用镜像法,放置在地平面以上高度 h 处半径为 r 的导电球体的电容为

$$C = 8\pi\varepsilon \sqrt{h^2 + 2rs} \sum_{n=0}^{\infty} \frac{\mathrm{e}^{-(n+\frac{1}{2})\beta}}{1 - \mathrm{e}^{-(n+\frac{1}{2})\beta}} \tag{B-44}$$

式中：β——$\beta = 2\ln\left(\dfrac{h + r + \sqrt{h^2 + 2rs}}{r}\right)$。

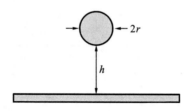

图 B-23　球体与平面导体间的电容

7. 圆环与导电平面间的电容

图 B-24 所示，通过应用镜像法，平行于导电平面的圆环的电容为

$$C = \frac{4\pi^2\varepsilon R}{\ln(8R/a - K(k^2)\cdot k} \tag{B-45}$$

式中：a,R——小半径和大半径；

　　　h——圆环几何中心与导电平面之间的距离；

　　　$K(k^2)$——第一类完全椭圆积分，其模量为 $k^2 = \dfrac{R^2}{R^2 + h^2}$，即

$$K(k^2) = \int_0^{\frac{\pi}{2}} \frac{\mathrm{d}\theta}{\sqrt{1 - k^2\sin^2\theta}} \tag{B-46}$$

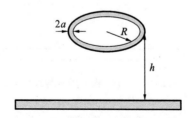

图 B-24　平行于导电平面的圆环的电容

参 考 文 献

[1]赵凯华,陈熙谋.电磁学[M].北京:高等教育出版社,1985.

[2]E.库弗尔,W.S.芬格尔.高电压工程基础[M].邱毓昌,戚庆成,译.北京:机械工业出版社,1993.

[3]谢广润,高压静电场(增订版)[M].上海:上海科学技术出版社,1987.